界面与交互设计新视界

虞　璐◎著

吉林出版集团股份有限公司

图书在版编目（CIP）数据

界面与交互设计新视界 / 虞璐著. — 长春：吉林
出版集团股份有限公司，2024. 8. — ISBN 978-7-5731
-5854-3

Ⅰ. TP311.1

中国国家版本馆CIP数据核字第2024YT1737号

界面与交互设计新视界

JIEMIAN YU JIAOHU SHEJI XINSHIJIE

著　者　虞　璐

责任编辑　聂福荣

封面设计　林　吉

开　本　787mm×1092mm　　1/16

字　数　170 千

印　张　11

版　次　2024 年 8 月第 1 版

印　次　2024 年 8 月第 1 次印刷

出版发行　吉林出版集团股份有限公司

电　话　总编办：010-63109269

　　　　　发行部：010-63109269

印　刷　吉林省恒盛印刷有限公司

ISBN 978-7-5731-5854-3　　　　　　　　　定价：78.00 元

前　言

在数字化时代，界面与交互设计已成为连接用户与数字产品之间不可或缺的桥梁。随着技术的飞速发展和用户需求的日益多样化，如何设计出既美观又实用、既直观又高效的界面与交互系统，成为每一个设计师和开发者必须面对的重要课题。

本书旨在为读者开启一扇通往未来设计思维的大门，探索界面与交互设计的最新趋势、理念与实践。我们相信，设计不仅是技术与艺术的结合，更是对人性深刻洞察后的创造性表达。因此，本书将围绕"以用户为中心"的核心设计理念深入探讨如何通过界面与交互设计提升用户体验，让数字产品更加贴近人心。

我们相信，设计是一种力量，它能够改变世界，改变人们的生活方式。界面与交互设计作为数字时代的重要设计领域，更承载着无限的可能与希望。因此，笔者期待本书能够激发读者对设计的热情与创造力，引导大家共同探索界面与交互设计的新视界，为未来的数字世界贡献更多的智慧与灵感。

让我们携手并进，在界面与交互设计的道路上不断前行，共同创造更加美好的数字生活！

虞璐

2024 年 3 月

目　录

第一章 交互设计及理论基础

第一节 交互设计概述

一、交互设计的概念

交互设计是新媒体艺术的一个重要分支，是由世界顶级设计咨询公司IDEQ 的一位创始人比尔·摩格理吉在 1984 年最先提出的。交互设计研究人机之间的交互界面设计，后来更名为"interaction design"，缩写为 IXD。交互设计让产品更符合人们日常生活中的使用习惯，让产品更好用，使用起来更有趣，是能给使用者带来更大愉悦感的设计研究领域。

二、交互设计应用领域

交互设计是一项综合艺术，它基于新媒体技术发展起来，并因技术的飞速发展而开辟出一片崭新的天地。它不但开发创造出很多新的应用领域，如网络艺术、虚拟现实等，也打破了传统艺术形式单一的束缚，为传统艺术的发展打开广阔的空间，如融合了交互功能的创新舞台设计，给观众带来了更丰富的艺术体验，让表演艺术发生了革命性的改变。

交互设计的应用领域大体可分为两大类，即在纯艺术领域的创新以及在商业设计上的大显身手。

1. 纯艺术创新

纯艺术包括造型艺术、表演艺术、综合艺术等，是人类文化的璀璨结晶。

这些艺术在几千年的发展过程中逐渐完善，最终形成了我们现在看到的美术、音乐、表演、影视等艺术形式，即使发展时间最短的影视艺术也有近百年的历史，艺术家通过这些艺术作品展现个人对艺术以及世界的认知。随着科技的发展，新媒体技术也快速走进了艺术家们的创作世界，走在前面的创新艺术家们运用交互设计概念与技术对传统的艺术进行改造和创新，重塑传统艺术的表现形态或创造出全新的艺术形态。

运用交互技术为纯艺术作品增加更多的维度是对传统艺术进行改造的重要方法。比如，加入参观者或时间维度后的艺术作品会因参观者的加入或时间的行进而呈现出不同的音画效果，而不像传统的艺术作品那样，一旦创作结束就完全定型了。

加入了交互表现形式的艺术作品有了更多的表现空间，交互技术的神秘高深与艺术的复杂深刻相碰撞，更容易引起观众对高科技的探索与对人类未来生存发展的思考。对于那些偏好批判现实主义题材的艺术家，交互技术就像他们手里多出来的魔法棒，把他们对人类发展的关注与反思魔幻地呈现在大众眼前，给观众带来新奇的感观体验。这些作品出现在各大艺术中心、展览馆等公共空间，成为人类艺术的亮丽风景。

2. 商业设计应用

除在纯艺术领域的发展，交互设计另一个巨大的应用领域就是商业设计，它们充分发挥了交互设计的特点，不仅最大限度地拓展了其商业价值，带动了相关行业的发展，促进了就业市场，还让交互设计真正走进百姓生活，提升了人们的生活品质。特别是近几年，交互设计领域显示出了极高的发展潜力，不断创造出新的产业，如共享单车等。基于移动终端的电子商务飞速发展，如外卖、快递的便捷，电子导航的灵活，社交网络的无障碍，智能家居的普及等，两三年就改变了全体民众的支付方式甚至生活习惯。这些交互产品的诞生与快速发展已经从根本上改变了整个社会的发展态势和经济结构，而其未来的发展还有无限的可能。

无论是在艺术领域还是在商业设计市场，交互设计都有广阔的发展空间，但与传统的、相对固定的艺术表现形式不同，交互设计的艺术表现形式更多样、更不可预测。很多交互设计的表现形式还在不断发展，面对这么多表现形式，初学交互设计的学生常常会觉得无处着手。所以，我们将已有的交互设计的表现形式进行归类，让大家有章可循。目前，交互设计的表现形式主要可分为以下四种：

（1）互动装置：互动装置是交互技术与传统装置设计完美结合的全新设计形式，可带来强烈的沉浸感与游戏的趣味性，被广泛应用于商业广告、科普展示等场合。该应用强调作品的现场体验。所以，如何设计一套具有独特体验的人机交互界面是这类应用的重点。

（2）虚拟仿真：在电脑中创造一个虚拟的互动世界是计算机技术给人类带来的最大惊喜。把很多现实里无法模拟的现象通过虚拟场景展现出来，并可以实现人机的互动，这是交互设计另一个主要的应用方向，统称为虚拟仿真。交互设计的虚拟仿真可以广泛应用于商业娱乐与科学研究领域，如电子游戏就是最成功的虚拟仿真娱乐应用。在科学与研究领域，有一款应用叫"严肃游戏"，它可以打造一些虚拟的互动游戏类交互设计，但它的应用不是为了娱乐，而是为了科学研究与工程应用，如医疗手术模拟、航空驾驶员培训、桥梁负载模拟、物流运转流程等，也可用于场馆虚拟浏览等。严肃游戏的交互设计应用具有更广阔的发展前景，也是交互设计与传统产业相融合的重要交叉点。这类应用主要是设计一个虚拟的交互环境，交互方式与可视化设计的优劣直接决定了作品的质量。

（3）信息服务：信息是当今社会的重要资产，具有无穷的价值，交互设计另一个重要的应用领域就是各类信息的挖掘、查询与展示，如传统的新闻类网站平台现在多数已开发了基于移动端的应用产品；各种商业视频网站平台也实现了移动端与电视端的信息共享；这几年发展飞速的产品零售平台、订餐类服务外卖平台、电影票购买与评价平台等，当然还有各种政府与企事业单位的信息展示平台等。这类信息服务平台包罗万象，涉及社会与经济生活的方方面面。这类应用的设计基点是科学的信息架构与良好的用户体验。

（4）实物产品：这里所说的实物产品是指具有交互功能的实体产品设计。这些年，具有交互概念及设计的日用品逐渐出现在人们的日常生活中，如有明星效应的家用机器人产品，还有开辟了巨大商业市场的智能家居系列产品等，为人们的生活增添了不少色彩，也具有广阔的商业发展空间。随着5G（第五代移动通信技术）的发展，可以预见智能家居和可穿戴设备以及车联网等相关产品都会如雨后春笋般发展起来。

随着新媒体技术的飞速发展，越来越多的交互实物产品被研发出来，走进我们的日常生活。小米科技有限责任公司是我国较早进军智能家居产业的公司之一，目前他们打造的米家生活平台已形成了一个分类齐全、模式统一的产业集群，推动了我国智能家居产业的飞速发展。

三、交互设计流程

交互设计的应用领域不同，表现形式各异，设计重点也各有侧重。那么，对于设计师来讲，如何着手进行交互设计创作呢？不同类别的交互设计创作流程可以一致吗？

虽然交互设计的表现形式多样，但作为交互设计师，除了要一直保持创新精神及综合创作能力，还要能透过现象看本质，找到一些共同的创作方法与创作流程。本书推荐参照杰西·詹姆斯·加勒特（Jesse James Garrett）提出的有效的用户体验五要素来指导交互设计的创作流程。杰西·詹姆斯·加勒特在2008年出版了《用户体验的要素：以用户为中心的Web设计》一书，提出了用户体验重要的八个设计流程，虽然已经过去了近二十年，但这五个设计要素仍然可以有效地指导今天的交互产品设计工作。

杰西·詹姆斯·加勒特提出的用户体验五要素最初是一个可以检验用户对产品体验感的流程。这个流程虽然更侧重于用户体验，但设计师们慢慢发现这五大要素也符合交互设计的基本创作流程，同样可以用来指导交互产品的设计流程。唯一不同的是用户对产品的体验过程是由具体到抽象的过程，而设计师在进行产品设计时是从抽象到具体的过程。下面就依据这个顺序梳理交互设计的整个设计流程，并依次完成市场需求文档（Maker Requirement Document，MRD）、商业需求文档（Business Requirement Document，

BRD）和产品需求文档（Product Requirement Document，PRD）的编写工作。

1. 战略层

这一层要搞清楚为什么要设计这个交互产品，这也是市场需求文档和商业需求文档的主要内容。

（1）主题选择：对项目的大方向进行概括性分析，可以采用思维导图的方法，对主题进行思维拓展，寻找一个较清晰的预期研究方向与脉络。

（2）市场分析：根据预期研究的选题，对当前市场情况进行调查，可采用现场走访、发放问卷或查阅数据等方法，了解市场产品的现状，如是否有其他竞品、对方的优势与缺点等信息。

（3）用户调查：了解产品的服务对象，采用情景调色的方法掌握这些用户的基本特征，还要了解通过交互作品能帮助用户解决什么问题、用户的痛点在哪里、产品最终要达到的目标是什么。

（4）商业价值：高昂的商业价值、社会价值还应该考虑是否会产生一些间接价值等。

（5）风险评估：预测项目可能会产生的风险，提前制定一些预防措施来尽可能规避风险，同时应针对风险准备好应对策略。

（6）项目实施计划：计划项目整体实施的时间并制定详细的项目推进时间表。

在项目实践中，交互设计项目选题通常可分为指定命题和自主命题。指定命题是指主题已确定，设计师只需要围绕选题展开设计之旅。但实际上，目前大部分交互设计项目都是自主命题，如果有委托方，委托方通常会给一个设计目标，如宣传某一个产品或服务，然后由设计师考虑用什么主题对项目进行包装、整合，就像广告设计一样，宣传的主题需要设计师考虑。之所以自选主题成为主流，主要是因为交互设计的表现形式多样，技术与设计方法也日新月异，委托方往往没有一个非常明确而清晰的预想效果。所以很多时候都将主题的选择权交给设计师，只要其完成最终的宣传目标即可，很多时候都是在没有委托方的情况下，企业或个人选择有市场价值和社会意义的新项目进行自主创作。众所周知，交互设计是一个非常适合创新、创业的设计领域，很多取得巨大成功的设计形态和商业模式都出自这个设计领域，所以很多创业团队在苦苦探寻符合市场需求的、有商业前景的主题进行新产品开发，选择一个正确的主题是项目成功的重要条件。对于自主命题，设计师虽然拥有了更大的创作自由，但同时也要承担巨大风险，因为一旦出现选题偏差，就会前功尽弃。一个好的交互设计项目选题就如同埋藏在地下的富矿，虽然稀少，但蕴含着巨大的财富。

那么如何进行项目选题呢？通过对目前市场上成功项目的归纳总结，我们发现选题虽然看似天马行空，有人做电子支付、有人做共享经济、有人做社交平台，但成功的选题还是有章可循的，它们无不围绕社会和民生展开，特别是在某些传统领域以往的技术无法解决的问题上，交互设计往往会打破藩篱，开辟出一条全新的康庄大道。总结下来，比较成功的交互项目选题主要围绕三条主线展开：社会发展、经济生活和介于两者之间的民生热点。

（1）环境保护：每一次环保事件都能引起社会巨大反响，可见环境保护是社会发展过程中最容易引起大众关注和情感表达的主题，也一直是交互设计师创作的首选题材。环保主题信息丰富，主旨简单易懂，容易引起参观者的共鸣，特别适合公共艺术展览。例如，新媒体交互装置《入侵》就是此类主题的代表作，装置把人类与自然的进退关系通过互动的形式表现出来，投射影像的半球状穹顶把参观者带入一个既虚幻又真实的自然空间，当越来越多的人走进这片世外桃源并频繁活动时，原本安静祥和的大自然就会被人类所打扰，乃至最终走向毁灭。

（2）和平与战争：和平与战争是面向全人类的主题，我们国家近几十年国泰民安、经济发展、人民安康，但当我们看向外面时，就会发现这个世界的很多地方还远离和平。保护和平、拒绝战争是全人类的世界观，这一主题的交互作品也很容易引起民众的共鸣。所以现在很多面向年轻人的游戏类交互项目都会选择这一主题，让年轻一代在娱乐中也能受到正向的教育和引导。

（3）弱势群体：维护弱势群体的权益是社会文明的重要体现，也是展现人文关怀的重要渠道。随着经济的快速提升，我国已进入物质较丰富的社会主义初级阶段，正从二元制城乡分隔向城乡一体化迈进，城市人口快速攀升虽然加快了经济的发展，但也出现了不少的社会管理问题，如城市楼宇里的独居老人问题。中国已进入老龄化社会，以往邻里街坊的熟人式管理方法很难适应现在的居住模式，因此需要我们探索一条更适合当前社会发展的道路来解决这些亟须解决的问题。交互媒体自助服务的特点正好可以应对这些困境，交互设计师可以尝试运用交互媒体去建立并运行全新的社会化管理机制，提供更人性化的服务，如为独居老人开通更安全有效的社会化安全管理系统；用交互设计建立一个更公开透明的社区自助慈善系统来为需要帮助的弱势群体解决困难。

交互设计不仅可以应用在美术、广告、影像、视觉传播领域，在社会系统化管理方面也有无限的发展潜力。

在经济生活方面，当我们把视角从人类、民族和社会转到我们每一个社会个体的时候，柴米油盐的经济生活是与每一位居民都密切相关的根本议题，这里所说的经济生活包括商业宣传、休闲娱乐以及生活品质等方面。

（1）商业宣传：商业宣传是经济生活的重要环节，特别是近年来数字媒体的广泛应用，让公共传播媒介发生了本质变化，发布成本更低，针对性更强，发布方式更多样，宣传效应更显著，而其中的交互媒体更以其生动、有趣成为当前重要的商业宣传媒介。现在，用交互设计进行商业宣传的项目越来越多，交互设计师也在不断开发新的技术与表现方法，以适应市场的需要。

（2）休闲娱乐：随着经济发展和人民生活水平的提高，休闲娱乐在人民生活中的比重越来越高，随着数字影视、电子游戏等产业的快速发展，VR（虚拟现实技术）、AI（人工智能）等新技术日新月异，各方对交互媒体的需求与日俱增，各种新的商业应用和产业也在不断发展壮大。

（3）生活品质：除了宣传和娱乐等用途之外，交互设计更为广大民众的生活品质带来巨大的变革。智能家居、智能健康设备等已慢慢进入寻常百姓家。

智能摄像头、智能体重秤、智能手环等产品已经成为华为、小米等企业发展的又一重要力量。随着 5G 的应用，基于移动终端的智能家居类物联网产品会有一个井喷式的发展。交互智能产品几乎没有原型可供参考，唯一的共同特点就是创新，创新的交互产品在给民众带来高品质生活的同时，也为交互设计应用领域开辟出广阔的发展空间。

当然，除了社会发展与经济生活外，在选择交互项目主题时也应该把重点放在更紧迫、更受关注的民生热点问题上，教育、医疗和养老等主题一直是民众较关心的热点话题。这三大热点无论对于个人、社会还是国家，都是至关重要的，它们和个人的幸福感、安全感和获得感息息相关，更关系到整个社会的安定团结。

（1）教育：十年树木，百年树人。中国一直是一个崇尚教育的国家，在教育的投入上毫不吝啬，所以居民的教育需求一直非常大。随着信息化技术的飞速发展，教育方式也发生了根本性转变，通过网络学习的占比越来越高，形式多样的在线教学交互软件平台也应运而生。通过网络学习平台进行自主学习，不仅给每个公民提供了更公平丰富的学习途径，更为未来教育的变革提供了渠道和路径。

（2）医疗：近几年，交互技术的医疗相关服务产业迅速崛起，如网上问诊、在线挂号甚至远程手术等如雨后春笋般快速发展起来，促进了全民医疗水平的提升与资源的平等共享。另外，各种交互家用医疗产品，如智能血压计、体重秤、数字体液快速检测仪及与它们配套的 APP（应用程序）也不断面世，逐渐向全套家居自助医疗检测与健康管理系统迈进，这也成为近几年医疗市场主要的发展方向之一。交互技术在医疗领域的完美介入改善了居民不良的生活习惯，提升了居民健康管理的意识，减轻了社会医疗压力，让更多人享受到优质的医疗资源。所以交互医疗这个选题不仅有很高的商业价值，也有很好的社会意义。

（3）养老：全世界都敲响了人口老龄化的警钟，中国作为一个人口大国所要面临的问题甚至更严重。解决老龄化问题是需要全民动员的，国家、政府、社会特别是居民自己都要想方设法地去寻找更适合的方法，以缓解老龄化带来的一系列社会问题。目前，传统的设计方法与社会管理手段在面对如此庞大的人口基数时都有些力不从心，而交互设计的优势可以在传统解决手段乏力的情况下，借助新技术帮助老人进行更好的自我管理、精神抚慰、互帮互助，也可为政府和社会提供更高效的管理、监护等解决方案。由此可见，这个交互设计选题对于国家、民族和个人都具有重要的意义。

2. 范围层

战略层主要研究产品的设计目标，范围层则是要将设计目标落地，使其具体化，也就是研究要设计什么样的产品，要把哪些主要功能放到产品里。

市场需求文档和商业需求文档都是战略层要完成的任务，在范围层则要确定项目的主目标并进行精细化分析，对主要功能进行反复推敲筛选，最终把产品需求明确罗列出来，完成产品需求文档的编写。

（1）需求分析：对产品的核心概念设计进行详细描述，可以用概念示意图进行表述。

（2）用户分析：对受众人群特点进行科学的分析是进行交互界面设计的基础，只有了解用户是什么样的人、成长经历、文化背景、行为模式、真实的内心需求等相关信息，才能设计出符合受众生理与心理需求的交互产品。比如，作品的主体受众是儿童，那么在进行设计时就要考虑孩子的身高体重等指标，据此设计交互界面的物理台面高度、形态以及交互的逻辑方式，以适应不同年龄段儿童的使用需求。

（3）商业模拟：需要对产品的商业模式进行描述，如产品如何盈利、商业运作模式如何等。

（4）功能列表：把项目目标用功能列表的方式罗列，列出产品主体功能的关系，并对功能结构里每个重要的功能模块进行解读说明，可以用实例，也可用图表等可视化形式。

（5）其他需求：除了产品的主体功能说明外，在这一层还应该对产品设计的其他需求进行约束，如整个作品的美术风格、像素精度等性能需求都可以在这里补充。

3. 结构层

结构层必位于用户体验五要素的正中间，是从抽象到具体的中间街接点。在结构层将继续完善产品需求文档，把范围层抽象的功能需求细化成信息架构的搭建和交互功能的规划。技术方案的可行性测试也是需要在结构层完成的工作之一。

（1）信息架构：信息架构是从数据库设计引申来的，最早是在创建数据库时建立一些信息字段，如在创建个人信息表时建立多个相关的字段，如姓名、性别、年龄、职业等。后来被两位信息管理专家推广到更广阔的设计结构、组织管理和归类方法层面，便于用户快速地查找到他们想要的信息。在交互设计中，信息架构主要是研究如何对项目所使用的信息进行整理、归类、流转等，可以让交互产品的使用者更快速地在交互产品中理解信息的管理方法，并迅速查找到自己想要的信息。对于不同类型的交互设计产品，其信息架构的表现形式也会因为产品的特点和性质不同而有所不同。

（2）交互设计：根据用户端的结构进行页面交互设计，可用低保真的原型图来绘制每个功能页面的基本功能分布，并对交互设计图直接标注，以帮助工程师更好地完成项目制作。

（3）可行性测试：交互设计是技术与艺术结合的产物，一个好的想法如果没有可行性的技术支持就等于纸上谈兵。在项目规划阶段就要做好技术方案的测试工作，有些需要做测试小样，以保证所选的解决方案具有绝对的可行性，并且要注意成本和效率问题。交互设计项目中的技术问题主要体现在软件和硬件两个方面，软件包括系统架构、算法编程等问题；硬件则包含与计算机通信的机电一体化的控制方案等。

4. 框架层

框架层让交互设计从抽象完全走向具体，根据上面已经完成的产品需求文档来细化落实项目的每一个细节，对逻辑可视化界面进行精细化设计时，交互物理界面则要完成全部的硬件功能设计。

细化信息内容与交互设计，按照结构层已完成的信息架构与交互设计，进一步对其进行终极细化。例如，设计捐助页面，捐助金额单位设置成 10 元、50 元，还是 100 元为最佳？捐助对象按什么方式分类更合理？甚至表单选择是下拉菜单还是列表方式更符合用户使用习惯等问题，都要在经过设计师的深入调研、无数次的用户体验后，才能给出最符合设计需求的解决方案。

5. 表现层

在表现层需要完成项目的所有视觉相关设计，如项目的美术风格、配色方案、图形设计等，属于 UI 设计师（界面设计师）的工作范畴，在框架层的基础上完成作品的高保真页面设计。

设计师在进行表现层设计时，需要满足以下两个设计要点：

（1）风格统一：在组织设计元素时，较容易出现的问题是所有的元素缺乏统一的标准，如页面风格不统一，元素的尺寸、色调甚至精度都不统一。这些表现因素虽然是设计的最后环节，但也是最凸显的环节，是项目品质最直观的表现。

（2）人性化设计：所有交互界面设计都应满足人性化的需求。Jesse 提出的用户体验五要素从抽象到具体，符合逻辑思维的习惯，用于交互设计项目流程指导可以很好地让设计师把控交互设计的全过程，具有极强的可操作性。当然，交互项目种类繁多，每个项目的开发环境、人员组成都不尽相同，在具体设计时，应该根据实际情况适当进行调整，高质量、高效率地完成交互项目的设计工作。

第二节　交互界面设计基础

一、交互界面设计概念

交互界面指可供人机交流的平台，也可以理解为搭建一种语言环境，让人或自然界与计算机等智能设备对话成为可能。所以交互界面设计主要是运用人性化的逻辑思维组织信息系统环境，为使用者创造一种有效且有趣的与智能设备交流的方式。交互界面设计是实现作品交互性的具体手段，也是交互项目设计的核心内容。

交互界面设计一般可分为两个部分：一部分是为信息组织一个清晰的逻辑关系，这部分工作往往是在计算机中完成的，可称为"逻辑界面"设计；另一部分是设计一套灵活又有趣的物理交流方法，如人们可以通过肢体的运动来控制视频的播放等，实现这一功能一般需要采用机电技术，因此可称之为"物理界面"设计。

很大一部分的交互作品是既包含逻辑界面也包含物理界面的项目，如一些交互装置作品。当然并不是所有交互艺术作品都由逻辑界面和物理界面共同组成。逻辑界面信息丰富多彩，可以为受众带来一种全新的体验；物理界面则让用户用自己的习惯方式与虚拟世界对话，给用户更好的沉浸感和更丰富的体验。

二、交互界面的设计特点

1. 人性化的设计理念

人性化的设计理念是交互界面设计的基础，设计师们最开始进行新媒体艺术创作也是源于人性化设计的需求。人们不再满足于枯燥而烦琐的初级信息，希望看到更赏心悦目、更简单易懂的系统应用，于是新媒体的艺术形式慢慢发展起来，为人们提供了一个更自然的信息获取环境、更简单有趣的知识学习环境、更有卖点的商业宣传环境以及更有创意的互动艺术展示环境等。因此，我们在展览馆中可以使用简单便捷的信息导游系统、在科技馆中可以体验虚拟的太空旅行、在商场里可以使用穿衣魔镜为自己试穿所有当季服装，还可以让小朋友在儿童医院的走廊里探寻绿野仙踪，这些交互艺术所创造出来的新景象都是为了给人们提供更简单舒适和生动有趣的生活服务。在这些种类繁多的新媒体作品中，我们充分体验了人性化设计的光辉科技的飞速发展，计算机已成为我们生活的必需品，但伴随着计算机成长起来的人们，希望科技不再仅仅是冷冰冰的万能机器，不只是键盘、鼠标或方方正正的显示器，更希望科技能真正融入我们的日常生活，丰富我们的生活体验。

交互界面设计正是为了满足人性化的需求而发展起来的，它借助电子传感等技术，让使用者与计算机接触的界面变得更加自然、亲近与直接，以往需要以键盘或鼠标为沟通工具的信息交流模式被更加人性化的交互界面所取代，如用人们常用的翻书动作取代鼠标点击方式来控制虚拟交互作品的翻页功能，已是司空见惯的人机交互设计模式。

2. 开放的艺术体验

数字化技术的引入使得我们在进行交互艺术创作时可以更方便地综合运用多种艺术形式。与很多传统艺术形式，如绘画、雕塑等一旦定稿就封存不变的性质不同，交互艺术拥有更多的开放属性，通过给作品添加时空、人物等多个全新维度，现场观众也可以成为作品内容的一部分。作品的样貌甚至会根据时间的流转、环境温度或湿度等物理因素的细微变化而实时发生改变。正是这种增加了多种维度的交互作品所呈现出的随机性与不确定性，给观众带来了丰富的艺术体验，也让交互设计充满了迷人的魅力。

3. 游戏性带来更多参与乐趣

交互性是交互界面设计的基本要素，借助数字化技术，对作品进行重新解构、分割、组合，创造出一种全新的体验。爱玩游戏是人类的天性，是生命喜悦的存在状态，如果可以把这种交互性通过游戏的方式展现出来，那么这件交互作品将会得到更多受众的喜爱。

《城市迷宫》是通过城市影像的有机组合，表现现代人行走在繁华都市的迷惘、彷徨的心情。作品借助电子传感装置，使观赏者可以通过脚下的踏板选择不同方向，在城市中行进，以此来控制作品中街景的播放顺序，参观者在欣赏同一件作品时，因为选择不同的路而经历截然不同的心灵之旅。

三、交互界面设计原则

交互设计种类繁杂，只有依据不同的设计形式选择最适合的设计方法才能事半功倍。虽然设计形式多样，但我们仍然可以找出一些具有普遍意义的设计原则来约束所有的交互设计项目，以保证交互设计的独特魅力。

1.功能结构清晰

功能至上是交互设计的基本要求，无论交互界面多么漂亮，都应建立在功能完善的基础之上。试想，一个提供信息查询的交互作品如果连基本的查询功能都很难使用，那再好的美术设计也是没有意义的。

进行功能设计时要特别注意结构的清晰性，功能结构清楚会给使用者带来应用的便利。反之，一个结构混乱、思路不清的界面设计很容易给人带来困扰，从而影响功能的使用效率。

要保证结构清晰必须注意以下两点：

（1）主目录要具有唯一性，所有内容均可以找到唯一的位置。

（2）层级尽量不要超过三层，条目分列明确合理，便于快速进行信息查找。

2.符合人性化设计规范

在进行交互界面设计时，符合人性化设计规范一直是交互设计最基本也是最核心的设计原则。依据人因工程学的各项标准，设计符合使用者的生理结构、满足使用者的心理与行为习惯的作品，为使用者带来更方便、更舒适的体验。

3.加强界面的多媒体艺术表现

界面设计要突出多媒体的特性，充分发挥多媒体的优势。围绕设计主题，运用图片、文字、声音、影像甚至动画等各种多媒体元素的有机组合，给作品带来更多元的艺术表现，增加界面的活力，吸引用户的关注。

4.既依靠技术又弱化技术

交互设计的发展在很大程度上是依靠技术带动起来的，甚至可以说没有数字技术的支持就没有现代交互媒体的大发展。另外，伴随着数字技术成长起来的消费者则希望在享受高科技带来的便利的同时，这些交互产品也能像普通家居用品一样与生活完美贴合，让生活回归本原状态。这就要求我们在设计交互产品的时候，用自然的界面取代数字产品冰冷、生硬的样貌，让用户在享受科技带来的便捷与舒适的同时，不被技术的表象所打扰，这是交互界面设计追求的至高境界。

第三节　逻辑界面设计基础

一、概念及应用领域

逻辑界面设计是交互界面设计的重要组成部分，主要是指那些运行于计算机、手机等终端设备的交互作品的界面设计。逻辑界面设计包括项目的功能规划、信息架构、交互逻辑搭建、视觉美术设计、高保真界面设计等，以实现人机在计算机固有平台上的基本对话功能。

交互设计作品的种类繁多，表现形式千差万别，大部分交互设计项目都需要通过逻辑界面来实现人机交互功能，如电子游戏、网站设计或各类基于移动终端的 APP 等。这些交互设计项目很多都是在电脑或移动终端上运行的，是纯逻辑界面开发的交互产品，用户主要是运用鼠标、键盘、触摸屏等计算机标准外设实现人机交互。目前，市场上只有那些逻辑界面开发出来的作品是市场上交互设计项目的主体，所占市场份额大，是交互设计中最具商业价值的应用领域。

二、开发工具选择

可用于逻辑界面设计的开发工具有很多，既有高级编程语言，也有基于节点式的视觉化编程语言，还有以图形界面为主的高级游戏引擎等。创作者在选择开发工具时，一方面可根据设计师自身的知识储备选择自己熟悉的平台，便于快速上手。另一方面要依据软件的不同特点，根据项目的实际情况，择优用之。以下介绍几款常用的逻辑界面开发工具：

1.高级编程语言

作为计算机高级交互编程语言，高级编程语言（Processing）由美国麻省理工学院媒体实验室研发，是一款开源编程语言，专门为新媒体设计师和艺术家进行交互界面创作而开发的图形设计语言，目前在新媒体艺术创作领域应用非常广泛。

Processing 与 Java 非常相似，都是面向对象的编程语言，简单易懂，兼容性高，特别适合那些没有什么资深编程背景的交互媒体艺术家和设计师快速搭建自己的逻辑界面。

对于艺术类学生，计算机编程语言一直是交互设计学习的主要难点之一，克服这一学习障碍是学好交互设计的必经之路。编程语言的学习有方法也有技巧，选择适合设计师学习的编程语言可以起到事半功倍的效果。Processing 就是专门为各类设计人员开发的编程语言，即使没有编程基础的设计师也可以快速、方便地掌握对影像、动画、声音等媒体元素的程序控制，本书后面章节的一些创作实例就采用了 Processing 完成交互逻辑界面设计。对于艺术类学生，在学习初期可以采用"组装学习法"，就是平时多收集不同功用的源代码，通过认真解读，将其拼贴改造成自己项目的程序代码。这种学习初期的"拿来主义"可以帮助设计师们快速实现设计功能，提升学习的成就感，通过举一反三的训练，快速突破编程瓶颈，尽情地在新媒体艺术天空中自由翱翔。

2. 节点式的可视化编程

节点式的可视化编程（Touch Designer）是由加拿大 Dcriviativc 公司开发的一款商业多媒体特效交互软件，以下简称 TD。它可以创建丰富有趣的实时交互艺术项目，可以和大多数交互硬件进行无缝连接，它的实时渲染和信息可视化是生成视觉艺术的重要开发平台，可为用户带来多样的用户体验。

不同于纯代码编程方法，TD 的工作方式是节点式的，直观易学的图形界面软件环境让逻辑界面设计变得简单。在大多数情况下，使用者可以直接调用现成的各类元件模块，不需要自己编写代码，便可以实时模拟艺术作品。目前，TD 被广泛应用于交互展示、立体投影、互动装置、VR 等多种交互应用领域。

对于从事艺术创作的新媒体艺术家和交互设计师来讲，TD 是一个特别容易掌握的计算机可视化控制平台，这个平台具有极高的兼容性，可以将项目所需要的软硬件快速整合起来，如 Midi（乐器数字接口）等不同硬件与逻辑界面实现快捷连通，培养全面的交互艺术创作实践能力。

3. 图形可视化交互引擎

游戏引擎是电子游戏制作与开发的主要平台，可以开发两维和三维交互游戏，可以实现实时的场景渲染和实时的视觉艺术。目前，图形可视化交互引擎（Unity 3D）是比较好的交互引擎，图形化的场景设计，编程环境主要是 C#（计算机编程语言），国内学习资源丰富，学习成本比较低，普及率高，就目前的作品看，适用人群多，是国内主流的游戏引擎。

运用 Unity 3D 不仅可以开发应用于各种平台的交互游戏类互动项目，还可以与各种硬件配合，开发更多有趣的交互作品。与前两类逻辑界面开发平台不同的是，游戏引擎不仅可以通过程序控制有效地进行交互逻辑界面与物理界面的设计，其特有的三维场景制作、角色行为控制和多平台发布等优势更让其成为某些交互项目的主要开发平台。

三、信息架构设计

信息架构，上到宏观层面可以是一个社会的基本组织结构，下到微观层面可以是一个网上博物馆 APP 软件的结构布局。以网上博物馆 APP 为例，一个好的信息架构会引导观众迅速了解整个软件的结构，观众很自然地被引导到最优的观展路线，可以快速找到想要参观的展品，可以自助地探索软件的各种功能与服务。所以，信息架构可以说是交互设计产品的骨架，是提升产品用户体验满意度的重要因素，是作品成败的关键。

在《用户体验的要素：以用户为中心的 Web 设计》里，信息架构是在结构层级完成的，在这一层项目逐渐由抽象走向具体，设计师需要就项目需求进行深入分析，对有效信息做到科学合理的分类，帮助用户快速找到所需的信息，提升用户的使用体验。另外，一个优秀的信息架构也会对用户的使用习惯进行正向引导与培育。

1. 信息架构规划

人类的认知习惯是有序的，科学的分类可以让纷繁的信息变得清晰，变得更符合人类认知习惯，交互产品的信息架构就是给项目进行分类，便于使用者更好地使用。

信息结构的基本分类一般可分为层级结构（树形结构）、线性结构、自然结构和矩阵结构。

2. 结构化分类方法

在交互设计中，经常采用卡片分类法来对信息架构进行整理与设计。设计师可以找一些对系统不熟悉的外来人员对信息进行排序等操作，其方法是把一些信息类别写在空白的卡片上，然后根据他们对整个系统的理解对其进行归类、排序，为系统寻找一个最科学、最合理的信息架构分类方案。

根据项目的实际情况，卡片分类法又可分为"由下而上"法和"由上而下"法。"由下而上"法是先由最底层分类开始，把功能分别写在不同的卡片上，然后由使用者或者设计师来做归类的工作。"由上而下"法则反过来，先分出几大类，然后依次将内容往里填充。这两种方法在实际操作时可以交叉使用。

3. 信息架构设计依据

在设计信息架构时，设计师需要分别站在用户立场和产品立场两方面进行周密的考虑，这样才能设计出一个既符合用户使用习惯又有自己独特产品理念的优秀作品。

（1）站在用户立场：信息分类应该符合用户一般的思维和使用习惯，尽可能从使用者的角度去感受，保证用户即使不看产品说明也能迅速了解产品的架构，快速掌握使用方法。例如，现在大部分 APP 中，用户个人信息都独占一个主菜单栏位，这符合用户的一般使用习惯，用户不需要花多余时间了解产品的信息架构就可以找到个人信息的相关页面；如果非要采用其他分类方式将其放置到二级菜单栏，就有悖于用户的常规使用习惯，会对产品的使用造成不必要的阻碍。

（2）站在产品立场：产品经理在考虑用户体验的同时，也应该明确产品的主要功能和核心价值，并依据这些对信息架构进行适当的取舍，大而全的信息架构方式在任何层级的交互作品设计中都是要尽可能避免的。比如，在设计一个社区独居老人安全管理系统时，产品的核心价值是社会对独居老人提供基础安全保障，所以在规划产品功能时，与每日签到、外出设置和紧急呼叫这些核心功能相比，语音对讲、收音机等辅助功能虽然可以提升产品的用户体验，但不是该产品的核心价值，简单易用、基础安全、保障隐私、提升管理效率才是这个产品的核心价值。所以在功能取舍的时候，那些非核心价值、复杂又容易损坏的功能就应该坚决舍弃。

4. 信息架构设计的注意事项

根据项目的设计目标为每个项目制定专属的信息架构时要遵循一些基本的原则，避免犯明显错误。

（1）有一定的扩展性：信息架构的基本原则是主干尽可能精练，包容性强，覆盖完整，避免设置一些可能会添加或去掉的功能。次级页面则需要有很好的扩展性，便于日后添加新功能，这些在创作初期就应该有一定的预见性，以防需要添加时无所适从。

（2）标签保持统一，避免语义重叠：语义重叠是在信息架构设计时比较容易犯的错误。在设计标签时，需要让使用者反复帮你评估，不能让标签之间存在语义的交叉重叠；要对每一个标签用词进行反复推敲，严格避免出现语义模糊；选择用户能理解的词语，不要用专业术语或缩写，否则会给使用者造成认知障碍；标签用词的字数尽可能保持一致，如某一主标签是两个字的词，那么这一层级的所有标签最好都是两个字的词,这会让界面更整齐统一。

（3）层级设置要均衡：在运用卡片分类法进行信息架构设计时，层级是否均衡一目了然。一般的设计原则是层级尽可能浅而宽，但是层级减少了，每一层的目录就会增加，所以也不能僵化地用这一个标准进行衡量，还要视使用频率和内容重要与否来综合考量。

四、视觉美术设计

在用户体验的五步法中,表现层是最具体的一层,也是离用户最近的一层。因为页面的视觉美术设计会对项目用户的使用体验带来较大的影响，所以在进行交互逻辑界面设计时，要符合视觉美术的一般标准。

交互逻辑界面的表现层和平面设计相似，也包括风格设计、配色方案、图标设计以及文字设计和版式设计等，但因其主要应用于电子媒介，其传播的方式与传统的纸质媒体有很大不同，所以在具体设计时也有很多特殊的要求。

1. 配色方案

色彩是用户体验中情感传达的重要方法，一般 UI 界面的色彩搭配主要由主色、标准色和点睛色三部分组成。主色一般是作品的主色调，但不会大面积使用，主要使用在标题栏、导航栏、版权栏等比较醒目的位置；标准色会大量使用，主要是各种文本内文、分栏等大量使用的色彩；点睛色的使用就如其名一样，要起到画龙点睛的作用，应用在比较重要的、需要特别提醒的位置。

交互界面的色彩搭配也是从色彩的纯度、明度、色相三方面进行考虑的，一般一个交互页面会指定一个标准的色彩纯度，然后根据作品的情感元素进行配色设计，对比色、相近色都是不错的配色方案。

（1）同色系配色法：选择同一色相的深浅不同的颜色作为主色，如IOS（苹果公司开发的移动操作系统）系统的天气APP就用了这种配色方法，这种方法会让页面更加统一。

（2）相近色配色法：这种设计采用得最多，相近色让画面看着自然柔和，如京东APP所有页面都以红色和橙色为主色调。

（3）点睛色配色法：主色和标准色都采用白灰黑等比较中性的色彩，加配一到两个点睛色来点缀画面，现在很多信息量大的平台都采用这种方式，既可以让页面更冷静，减少视觉的干扰，又可以突出重点，如淘票票APP的作品评分星级和购票按钮都采用了点睛色，吸引使用者的注意力。

（4）取色法：当然，色彩设计还有很多其他方法，如范例取色法，就是根据项目的关键词，如"未来、神秘、科幻"等，寻找到一张和这个主题相关的图片，然后直接在画面里提取一些典型色标用于自己作品的页面配色，这也是一种很实用的色彩设计方法。

2. 文字设计

交互界面的文字设计也可遵循平面设计的基本原则来选择字体、文字尺寸和排版方式。比如，交互界面的文字大小可根据媒介的不同平台进行相应的调整，保持一致性的同时要做好统一规范，如一级标题、二级标题、内文的字号依次递减等。目前，无论Android（安卓）系统还是iOS系统，系统字体一般都选用黑体。

3. 图标设计

在交互逻辑界面设计里同样会用到一些图形设计元素，如APP的Logo（标志）或界面内的一些图标设计，它们是交互界面设计的主要图形设计元素。一般APP的Logo图标都是方形或圆形的，由底色和有寓意的图形共同组成。下面以APP的Logo图标为例，分析一下设计方法和注意事项。

（1）形态方面，以iOS系统为例，图标基本是圆角方形的，近年也有些主题使用了圆形图标，相比稳重的方形，圆形显得活泼。

（2）色彩方面，底色多以纯色为主，也偶有单色渐变。选色上主要还是根据产品的主题来决定的，有统计数据显示，目前 APP 的 Logo 以红和蓝两色为主。从设计心理学来讲，红色有兴旺的寓意，适合一些商业品牌，如京东、淘宝、天猫和淘票票等；而蓝色象征冷静、秩序，更适合金融、科技等，如支付宝、铁路 12306 等。当然对于图标设计，色彩的指向性并不那么绝对，根据产品的文化属性，现在选择绿色、黄色、粉色的也越来越多。

（3）图案设计主要以表意为主，简单、明了是最好的设计。以中英文字母或文字为主体进行设计的支付宝的"支"、央视体育 5 台的"5"就是较成功的范例。也可以根据产品的功能或特征图形、吉祥物等进行设计，如百度地图、大众点评、抖音、阿基米德、微信和爱奇艺等，都是运用语义设计的经典范例。

4. 版式设计

交互产品的版式设计除了同样应遵循一般页面排版原则，如比例分配、对称与均衡、重复与对比、留白与节奏外，还应根据交互界面显示终端的各自特点，有针对性地加以修正。下面仅就移动终端的交互界面排版给出一些基本指导：

（1）信息排列要对齐。对齐是页面排列的最基本要求，横平竖直，让页面更整洁规范。

（2）多种重复排列方式可供选择。比如，分栏成两栏、三栏，或 2×2、3×3 的九宫格都是很经典的排版方式。

（3）信息规划时要注意对比和群组。通过对比突出重点，通过群组让信息分类更加明确。比如，将需要重点推介的信息有意放大，或色彩提亮等，都可以突出信息的重点。

（4）善用卡片式的排版方式。卡片式排版是现在非常流行的排版方式，把每一条信息都放在一个卡片上，可以让信息更完整独立，极大地减少用户认知的混乱。

（5）利用左右滑动和上下推拉对页面进行有效扩展。移动终端相比电脑终端最大的弱势就是页面显示有效范围的限制，当有些信息我们很难用翻页的方式进行展示时，就可以采用这种局部推拉的方式。比如，主菜单或热点推荐处可以左右推拉，延展页面宽度；而页面纵向列表的方式可以让页面上下推拉，拓展页面的长度。

（6）合理运用留白。让方寸之间也有大世界页面的白色区域，也就是通常所说的负空间，指页面元素之间的区域要有一定的预留空间。说到国内的交互逻辑页面留白，就不得不说微信，微信是在这方面做得很好的一个产品，它的一级主菜单始终只保持四个。首页进去就是最新消息列表，没有其他功能，所有功能都隐藏于子菜单里，四个二级界面也都统一采用小图标加文字的纵向列表形式，页面宽松、整洁，便于使用，一点儿没有其他 APP 拥挤、混乱的视觉感受。在二级子页面里，这种大面积留白更为凸显，图标尽可能压缩，把用户的关注点放在非常清晰的文字标题上，让信息查找更容易，也保证了整个产品统一的风格和传达的情感体验。

五、信息可视化设计

传播的过程是把信息源通过媒介传播给受众，其中媒介就是信息的表达方式，最初是文字、数字等形式，随着数字信息化技术的发展，已逐渐向更形象直观的图片、图表、影像甚至交互媒体等形式转变，这就是信息可视化。

信息可视化设计属于交互设计流程的表现层设计范畴，在逻辑界面里，可视化后的信息让作品传播更直观、更清晰、更有趣，可以极大提升交互作品的用户体验。

交互逻辑界面的信息可视化设计与传统纸媒的数据可视化方法基本相似，都是把枯燥的信息转化为更人性化的影像呈现出来，不同之处是传播平台，前者是屏幕，后者是纸媒。屏幕没有页数的限制，可以进行更深层的全方位可视化呈现，屏幕也可以整合图片、影音甚至动画等"富媒体"，让可视化更丰富多彩，而其独有的、生动有趣的交互手段也能带给用户很强的沉浸感，让用户更容易获得有效的信息。当然，因为平台不同，所以在交互界面的可视化设计中也要注意以下两方面的问题：

1. 选择适合的表现形式

信息可视化的表现形式主要有几种，最常用的是图表形式，图表又分为用于表现事物组成的饼状图，用于表现过程的折线图，以及用于进行比较的柱状图等。除了图表，还有一些更加感性和直观的叙事插图的数据表达方式，这也是交互界面经常选择的信息可视化方法。

2. 注意页面尺寸限制

大部分交互界面信息的展示平台是屏幕。屏幕的优点是可以无限多的显示信息，但屏幕尺寸也是一种局限，特别对于移动终端的手机小屏来讲，其尺寸对于可视化信息的呈现有很大的限制。例如，很多人喜欢用的饼状图，当某些区域过于密集时就会严重影响信息的可读性。柱状图和折线图也要注意页面尺寸的限制，如采用了曲线图的"微信指数"小程序在进行信息展示时，对照组的元素被限定在 4 个以内，也就是说一个对比图里最多只能显示 4 条曲线；同样"百度指数"的网页版规定同一对照组里不能多于 5 个元素，移动端更是不能超过 3 个元素。

六、原型设计

对于交互设计的逻辑界面来讲，原型设计可分为两个阶段：在框架层完成的低保真原型界面设计和在表现层完成的高保真可视化界面设计。

在低保真原型界面设计中，梳理产品的功能结构和信息架构，确定每个页面的信息内容、基本布局，完成所有页面的交互功能设计。最后对作品进行整体功能测试，完成设计目标的检验。

高保真可视化界面设计是在低保真页面的基础上细化页面的精细化结构设计并完成所有美术设计工作，高保真原型是作品呈现给用户的最终样子。

第四节　物理界面设计基础

一、概念与应用领域

交互物理界面用计算机控制声光机电取代逻辑平台的鼠标、键盘、触摸屏等人机交互方式，建立一种全新的人机对话语言。比如，在逻辑界面设计中，可以用鼠标控制虚拟视频中灯光的开关，而如果将这个交互界面改为由物理方法实现，就可以用一个真实的电灯开关取代鼠标按钮来控制虚拟场展的电灯开关了，与前者相比，添加了物理界面设计的交互艺术作品会给观众带来更身临其境的感官体验。

电子书是较早出现的交互艺术作品之一，也是较早使用物理界面构建人机交互环境的商业应用。从早期在个人终端上运用鼠标或触摸屏实现虚拟翻页功能，发展到在公共空间，参观者运用手势就可以实现电子书装置的翻页阅读。近几年，这些交互装置的电子书被大量用于公共空间的信息传播，在博物馆、科技馆和商场等公共空间都可见到它们的身影。使用手机等个人终端阅读电子书和在公共交互装置上翻阅是两种完全不同的体验。前者适合个人用户，简单实用，后者则适合开放的公共展示空间；前者主要使用逻辑界面完成设计工作，后者又添加了物理界面，让作品更适合公共开放空间的传播。

二、物理界面设计流程

交互物理界面所用的技术种类繁多，在创作时很难完全照搬统一的模板，但抛开现象看本质，所有交互物理界面设计的本质都是信息的采集与传输。所以，交互物理界面的开发根本就是解决信息传递途径与传递方法的问题。

一般来讲，物理界面信息传递的流程主要分三步：

（1）采集真实世界信息并将其转换成 3 行数字。

（2）处理数字信号并传递给计算机。

（3）计算机接口接收信息，并传给逻辑界面，控制虚拟世界。

在物理界面的设计中，基本遵循这个信息传递流程，完成真实世界对虚拟世界的控制。这个流程也是可逆的，由逻辑界面发出信息指令，传递到计算机接口，对信息进行分析处理后再传递给外界机电设备，如转动马达等，实现虚拟世界对真实世界的有效控制。

三、信息类别与采集方法

交互物理界面设计也可以说是解决真实世界与虚拟世界语言交流的问题，对真实世界的信息进行采集、处理及传递是物理界面设计的根本。

真实世界与虚拟世界语言交流的问题也就是"人机交互"的问题，这里的"人"是一个广义的概念，不单指狭义的人类，也可以是一只动物或者一株植物，甚至还可以指代自然环境，如光照、气温、湿度或风向等。这些自然界的动植物和各种环境指数共同组成了人机交互概念中广义的"人"。

由于信息采集对象及采集方法的不同，信息采集的难度与成本也相差甚远。信息采集成本很高，可能会提高制作成本，而选用不成熟的新技术，又可能会降低作品的稳定性。所以在实际设计中，如何在兼顾作品需求的情况下选择适当的信息类别进行采集就成了首先要解决的问题。根据上面提到的广义的"人"（泛指人、动物、植物、环境这四大类对象），逐一分析每类信息采集的特征与方法，便于在具体项目设计中择优选择。

1. 人

对于人类而言，经常被采集的信息有肢体动作、语言声音和生理指标等。走路、跳跃、挥手、骑行、奔跑这些肢体语言，说话、尖叫或拍打物体发出的音响，以及体温、心率、体液等人体生理指标都可以通过各种简单的传感器、摄像头等电子元件进行信息采集。目前，这类信息的采集方法简单、技术成熟。甚至目光、意念这些信息也可以通过眼动仪和脑电波检测仪等较高级的设备进行实时采集，只是与前面普通的信息采集相比，脑电波采集的稳定性和准确率还有待提高，采集成本有待降低。当然，除去这些不利因素，上面提到的大部分信息的采集都具有可行性，并已在各类交互设计作品中广泛使用。

2. 动物

对于动物来讲，其信息采集和人类比较相似，主要包括各种运动行为、声音采集等。通过传感器可以采集一头牛的生活行为，如吃草、甩头、行走等。对动物进行信息采集可以用于创作以自然为主题的交互艺术作品。

3. 植物

植物信息采集的种类要比动物少，主要可以采集的信息是植物本体的生化指标，如酸碱度、甜度等。另外，其生长环境的湿度、温度等指标也可作为采集目标。这些数据可以用于植物主题的交互艺术作品创作，如采集真实植物土壤的含水量来控制逻辑界面里虚拟植物的生长，或者根据这些参数的变化，将现实中的植物生长状态通过虚拟形象用人类语言和行为重新表现出来，赋予作品深层的思想表达，带给观众更深刻的思考。

4. 环境

自然气象的信息采集类别比较多样，就目前的技术来看，这种采集也相对简单，温度、湿度、光照、风向、风力甚至检测污染指数的传感器都很容易购买并且价格低廉。各种大自然数据一直是交互艺术设计的重要触发器，用虚拟影像实时展现自然界的气象变化，既生动有趣又可以有很好的沉浸感。

当然，以上还不是交互设计可以采集的全部信息类别，还有很多其他类别的信息也会在一些项目中被用到。信息采集的方式不同会直接影响作品的表现形式，一个有趣的信息采集方式绝对可以激发艺术家的创作灵感。

四、信息处理与传输方法

通过传感器采集到的信息，数字化后可以传递给计算机接口，并最终实现物理界面与逻辑界面的通信数据传递。过程看似简单，其实操作起来并不容易，因为大多计算机无法直接接收传感器发送的信息，要想顺利地实现两者间数据的传递，大多还需要借助中间组件来完成传感器与计算机的数据通信。

借助中间组件实现数据传输不仅是交互物理界面设计的难点，也是重点。本书将着重介绍以下两种方法来解决这一问题：

1. 计算机外设法

键盘、鼠标、麦克风等是计算机最标准、最常用的设备，可以直接将外部信息输入计算机。计算机外设法便是利用了这一便利，直接借用键盘或鼠标等作为传感器、计算机间的信息传输桥梁，将数字开关类的传感器与简单改造的键盘、鼠标相连接，再通过键盘、鼠标接口直接将信号传给计算机。计算机外设法简单明了，适合初学者学习使用。

除了鼠标或键盘，其他可供选择的计算机外设还有摄像头、麦克风、游戏手柄等可直接与计算机相连接的所有计算机输入设备，与鼠标、键盘不同的是，它们集合了数据采集、信息处理与传输功能，不再需要独立的信息采集传感器。

2. 单片机法

鼠标和键盘的外设法简单易用，但有一个巨大的局限性，就是只能接收数字信号，对模拟信号爱莫能助。一些交互设计先行者为了解决这一问题，为艺术家们专门开发了用于交互媒体设计的单片机模组。这种集成了微处理器的单片机模组，一边可以与计算机直接连接，一边可以接收各类传感器信号；也能控制连接在模组上的电机等物理元件的工作状态，实现物理界面与逻辑界面信息的无障碍沟通。

这种专门为艺术家们开发的单片机模组接口完整，可直接连接使用，艺术家们不需要了解更深入的微电子专业知识就可以快速搭建自己交互作品的物理界面。此类模组种类繁多，各种配套模块齐全，价格低廉，使用方便。无论是交互设计大师还是初学者，都可以通过简单的学习就可以掌握创作方法，完成自己的设计作品。

五、物理界面交互设计原则

交互物理界面创作的主要任务是为用户创造个人全新的感观体验，打破以往单一的人机交互模式，收集外界的各种信息指令并传递给交互逻辑界面，为交互艺术作品建立一个全新的人机对话机制。物理界面设计最主要的工作就是创建可以实现人机对话的机电界面，对于初学者而言，物理界面设计与逻辑界面设计最大的不同就是方案选择没有定式。逻辑界面主要是通过交互软件实现虚拟元素的逻辑组合，内容不同，但基本的展示方式不变，都是通过屏幕来展现内容，而物理界面是通过各种完全不同的物理装置来实现交互功能的，因为装置设计千差万别，以至作品的设计形态也多种多样。作品的设计形态虽没有定式，但在创作实践中，我们还是总结了一些共性的设计原则来指导物理界面的创作实践。

1. 具有趣味性

进行物理界面的信息采集设计时，可以选择多种装置方案，这些装置可以是手动轮盘、拉力器，或其他信号发生器。

2. 符合使用情境

一个符合设计主题情境的物理界面设计方案可以让用户在作品的语境里迅速学习到作品的交互方式，实现人机自然流畅的对话，而不是必须通过阅读复杂的使用说明书来实现。我们发现这种符合作品情境的交互设计更容易让用户沉浸在作品里，达到作品设计的目标。

新媒体艺术作品《魔镜》就是通过一个红外线感应装置来采集参观者的位置信息，当参观者走进走廊时，即可看到走廊尽头的屏幕上投射出本人正面影像，而当参观者被环境驱使走向走廊深处时，安装在走廊中间的红外线传感器感应到参观者经过，系统会转换摄像机投影信号，将正面影像转换成背面影像。参观者越往走廊深处走，影像就越会远离，从而给参观者带来奇妙的体验。这个交互方式完全符合参观者所处的情境，长长的走廊让参观者下意识地走进深处，交互在参观者行动的过程中被激发，照镜子的界面设计也完全符合人们所处的真实情境，越追逐却越来越远的寓意也传达出某些哲学思考。

3. 生动形象的外观

交互设计是一项综合艺术形式，一个优秀的设计作品不但在技术上要有所创新，在装置外观设计上也要新颖美观，充满设计感的装置外观设计也是物理界面设计的一部分。一个符合作品主题的装置外观设计，会与整个作品相辅相成、相得益彰，给观众带来更强烈的沉浸感。

第二章 交互设计的设计方法与需求分析

第一节 交互设计的设计方法

交互设计是一门新兴的年轻学科，人们需要在实践过程中总结经验，同时通过理论研究，促使它完善、进步。因此作为一门设计学科，它需要科学的方法做指导，使交互更为成功。交互设计方法是通过实践经验总结出来的，是一种解决问题的途径。解决问题的方法虽多，但这些方法并不是绝对的、固定不变的。随着技术发展和时代进步，解决问题的方法和手段会出现不同的发展趋势。在交互设计领域，设计方法具有不同的学派观点和词义解析，目前大概可以分为五种设计方法：以用户为中心的设计（UCD）、以活动为中心的设计（ACD）、以目标为导向的设计（GDD）、传统软件系统设计方法（SD）和依赖设计师智慧的天才设计方法（GD）。

上面所说的五种设计方法可以在不同的状态和情形使用，并且可以相互借鉴、融合产生新的更好的解决方案。大多数情况下只使用一种方法就可以使问题得到解决，但也可以从一种方法转移到另一种方法去寻找突破，从而使设计变得更好。当然，不同的交互设计师在日常工作中使用的方法论有所侧重，这些方法论没有好坏的区分，关键在于能不能发挥其功效，只要符合项目实际需要就是不错的方法，学习这些方法也是为了灵活地运用它们。

一、以用户为中心的设计

1. 概述

以用户为中心的设计是指在设计过程中设计师必须以用户体验为中心，

强调用户优先的设计模式。简单地说，就是在进行产品设计、开发、维护时，从用户的需求和用户的感受出发，而不是让用户适应产品。其核心思想理念是用户最清楚他们需要的是什么样的产品或服务。用户了解自己的需求和偏好，设计师根据用户的需求和偏好进行设计。塞弗（Dan Saffer）在其《交互设计指南》里指出，以用户为中心的设计背后的哲学就是用户知道什么最好，使用产品的人知道自己的需求、目标和偏好，设计师需要发现这些因素并为其设计。因此，某些设计可以看作用户和设计师的共同创造。

以用户为中心的设计理念源自第二次世界大战后的工业设计和人体工程学的兴起，它们的兴起使得"以人为本"的设计思想被广泛应用。作为第一代工业设计师——亨利·德雷夫斯是"以人为本"设计思想的典型代表人物，1955年他的《为人的设计》一书开创了基于人机工程学的设计理念，推行了以用户为中心的设计方法。1961年他出版了著作《人体尺度》，成为最早把人体工程学系统运用在设计过程的设计家，对这门学科的进一步发展起到积极推动的作用。美国著名认知心理学家、计算机工程师、工业设计家唐纳德·诺曼在《设计心理学》一书中完整系统地提出了UCD（user-centered design）的概念，即现在经常可以听到的以用户为中心的设计。

以用户为中心设计已经经历了近30年的演变和发展，ISO国际标准化组织在1999年颁布了关于《以人为中心的交互系统设计过程》的标准。该标准明确了以用户为中心的科学行业定义和指导说明标准。

2. 了解用户

在交互设计或人机交互领域，"了解你的用户"这一原理是备受推崇的。因为设计师只有对用户进行了深入了解，才能够为他们设计合理的产品。设计师忽略设计为之服务的用户将是一件很危险的事情，设计出来的作品也必将是非常糟糕的。以用户为中心的设计是为克服软件产品中的拙劣设计而发展起来的。通过考虑那些将要使用软件的人们的需求和能力，软件产品的可用性和可理解性确实得到了提高。

以用户为中心的设计要求设计师必须深入了解用户想要实现的最终目标，在理想的状态下用户参与设计过程的每一个阶段。在项目开始时，设计师需要分析产品对用户需求的满足情况及产品是否具有价值。在其后的产品设计和开发过程中，对用户的研究和相关数据的分析应该当作各种决策的依据。用户对产品的反馈应该成为对产品各个阶段的评估信息。同时用户可以和设计师一起参与设计原型的测试，分析其中存在的问题并提出改进措施。

1）用户的组成

从一定程度上说，用户是使用产品或被服务的人。我们可以从以下两个方面对用户进行了解：

（1）用户是产品的使用者或服务的享受者。

产品的使用者可能是当前忠实的用户，也可能是即将流失的用户，或者是有待开发的潜在用户。这些使用者在使用产品过程中的行为会与产品的特征紧密联系。例如，对于目标产品的认知、期待目标产品所具有的功能、使用目标产品的基本技能、未来使用目标产品的时间和频率等。

（2）设计师也是用户。

设计师并不能代替用户，但可以作为用户来参与设计。因为无论设计师对产品有什么样的定位，也不管设计师与普通用户在文化层次和使用经验上存在多大的差异，设计师首先是产品的使用者，其次才是产品的设计者。在进行设计的过程中，设计师需要作为一个真实的用户参与其中，不得在设计中将自身的喜好转移到产品的研发中。

2）用户的分类

人是一个复杂的综合体，用户的行为更复杂，每个用户的行为特点都是不一样的。一款成功的产品并不需要满足所有用户的需求，也不可能满足，因此产品需要明确针对某一类用户并且能够很好地满足此类用户的需求。针对哪一类用户是设计师需要考虑的，因此设计师需要进行用户分类。不对用户进行分类，产品就不能定位，好的用户分类可以让设计师知道产品适合哪些人，能够满足哪些用户。

在实际情况中，用户的特征信息有很多，用户间任何一个特征因素的不同都会导致不同用户使用某个产品的行为习惯不同。在此基础上，可以将用户分为以下四大类：

（1）种子用户。

种子用户能够凭借自己的影响力吸引更多目标用户，是有利于培养产品氛围的第一批用户。第一，种子用户不等于初始用户。种子用户有选择标准，尽量选择影响力大、活跃度高的用户作为产品使用者。优秀的种子用户不仅会经常使用产品，而且活跃在产品社区，经常发表言论，带动其他用户讨论和互动。第二，种子用户能够为产品开发者提供中肯的意见和建议，帮助产品不断提升性能和完善功能。具有主人翁精神的用户是最好的种子用户。

（2）普通用户。

普通用户是维持产品基数的用户。当产品发布后，普通用户会逐步加入，人数也会逐渐增多。普通用户加入进来，是因为这里有归属感，有他们想获取的资讯、知识等。普通用户不会带来大的经济利益，但对产品的推广和提升影响力具有较大作用。

（3）核心用户。

核心用户可以给产品带来资源（资源涉及很多方面，如内容、产品创意、技术难题等），是产品经济的主要来源，贡献现金流。核心用户还能够传播产品，给产品带来更多直接或者间接的支持者。因此可以说，核心用户能帮助产品发展壮大、为开发者创造价值。

（4）捣蛋用户。

这类用户是对产品不满意的使用者，对服务提供商来说不会产生任何价值和利润，反倒以用户之名提出各种各样的无理要求，得不到满足就抱怨，误导其他用户对产品产生负面影响。这在设计开发中需要避免。

3. 以用户为中心的设计的流程

不同产品的设计开发过程是不同的，有其自身的特殊性。设计活动是设计流程的基本元素。以用户为中心的设计流程很多，但设计流程的核心理念是类似的，只不过抽象层次是不一样的。

1）策略和用户分析

这一阶段决定了产品的设计方向和预期目标。首先，需要明确产品的目的是什么，可以解决什么问题或带来什么样的使用价值。其次，确定产品的目标用户，即用户是谁，典型使用场景是什么，目前存在哪些问题和机会。用户研究是关于用户需求的数据和信息的来源。再次，定义用户特征，即目标用户区别于一般人群的具体特征，如特定的年龄阶段、特殊的文化背景和生活习惯人、生价值等。最后，做需求收集和需求分析，目的在于确定目标用户对产品各个方面的期望值。例如，希望使用的功能、操作方式、达到的目标指数等。目标特征描述和需求收集及分析是UCD设计过程的基础与依据。

（1）目标定义。

全面地分析用户和需求，根据企业、产品的自身条件（商业需求、技术限制等）及市场对产品的供应关系等，将项目的应用范围加以明确化，使产品目标变得更可视、更明确。

（2）任务分析。

采用系统的用户研究方法，深入理解用户最为习惯和自然的完成任务（操作）的行为方式，其数据依赖于用户研究。用户研究的方法包括用户访谈、问卷调查、用户测试等。

2）设计和评估

（1）对象模型化和评估。

在前一阶段对产品和用户进行分析调研之后，在这一阶段通过建立用户模型进行设计的第一步。用户模型来自用户关于某一产品的认知，是产品概念的设计核心，用户模型的实质是解决产品设计过程中"是什么"（概念模型）和"怎么做"（过程模型）这一问题的知识集合。对象模型化是将所有的策略和用户分析的结果按讨论的对象进行分类整理，以各种图示的方法描述其属性、行为和关系。

（2）视图设计。

从大的方向可以将视图设计分为交互设计和视觉设计。

交互设计包括页面框架设计、操作流程设计、信息内容设计、交互方式设计、信息架构设计。

视觉设计包括界面风格设计、视觉元素设计（图标、按钮、边框、用户控件、窗口规范、图形化布局等）。

（3）原型开发。

建立原型主要是为了解决在产品开发的早期阶段不确定的问题，利用这些不确定性判断系统的哪一部分需要建立原型和希望从用户对原型的评价中获得什么。原型使想象更具体化，有助于说明和纠正这些不确定性。总的来说，通过原型可以有效地降低项目风险。

（4）用户测试。

将产品的设计界面原型展现给目标用户，通过用户模拟使用时所产生的问题或对产品的建议，得到用户的反馈数据。让用户感受产品界面是否新颖（吸引用户眼球，让其眼前一亮）、操作是否流畅、功能是否达到用户使用要求等。进行用户测试的优点是直接发现用户使用过程中出现的可用性问题；进行用户测试的缺点是成本高，时间长。

（5）专家评估。

邀请在人机界面设计、系统功能、可用性研究等方面杰出的专家对产品进行分析和评价，得到其存在的不足和改进措施。进行专家评估的优点是容易管理，耗时短，能发现更专业、更深层次的问题；进行专家评估的缺点是专家不是用户，要考察专家小组构成的合理性，因为专家对问题具有一定的主观倾向性。

3）实施和评估

产品设计完成并投放到市场，开始接受市场的检验，但此时不是以用户为中心的设计过程的终结，仍需要对产品进行跟踪。可以设立电话热线，方便用户对产品存在的问题进行反馈，便于在产品更新换代时改进。在这个阶段，可用性测试调查以及使用用户调查表调查尤其有效。市场上用户对产品的看法和反馈成为产品迭代的参考数据，因此需要做好相关的数据分析和资料整理，可为下一次设计出更好的产品提供帮助。

4. 以用户为中心的设计中的常用方法

目前，UCD常用的有6种方法，包括焦点小组座谈、可用性测试、卡片分类法、参与式设计、问卷调查、访谈。

1）焦点小组座谈

焦点小组座谈是由一个经过训练的主持人以一种无结构的、自然的形式与一个小组的被调查者交谈，从而获取对一些有关问题的深入了解。主持人负责组织讨论。

焦点小组座谈的主要目的是通过倾听一组调研者从所要研究的目标市场中选择的被调查者，从而获取对一些有关问题的深入了解。这种方法的价值在于常常可以从自由进行的小组讨论中得到一些意想不到的发现。这种方法可以让设计师更了解用户的想法、态度和目标。

2）可用性测试

可用性测试也被称为使用性测试、易用性测试等，是用户体验研究中最常用的研究方法。可用性测试是通过具有代表性的用户对产品进行典型操作，观察用户使用产品的行为过程，关注用户与产品的交互。它更偏重于行为观察的研究。产品可以是网站、软件或其他任何产品。可用性测试可以是最早期的低保真原型测试，也可以是后期最终产品的测试。

可用性测试的流程：

（1）资源准备：环境、设备条件、记录文档、测试人员。

（2）任务设计：从测试的目的出发，围绕用户使用目标产品时创建的使用情景和相关任务。

（3）用户招募：理想的测试者是我们的目标用户，所以可用性测试要努力寻找目标用户作为测试人员。

（4）测试执行：预测试＋正式测试＋每次测试后及时总结。

（5）报告呈现：界定问题、区分问题优先级，将有联系的问题综合在一起，分析问题背后的原因和可以解决的方案。

3）卡片分类法

卡片分类法是一种规划和设计互联网产品或者软件产品的信息构架的方法。它常用于导航或者信息架构方面的项目。卡片分类的主要目的是对项目进行逻辑归类。

4）参与式设计

参与式设计倡导让用户深入地融入设计过程，培养用户的主人翁意识，激发并调动他们的积极性和主动性。"参与式设计"的概念最早起源于20世纪60年代的北欧国家，最初的含义与"设计"的关系很小，更多是强调参与性，即管理者接受公众的观点，将公众的声音加入决策制定过程。

之后参与式设计的概念发生了变化，它更多地被应用于城市设计、景观设计、建筑设计、软件开发、产品开发等领域，指在创新过程的不同阶段，所有利益方被邀请与设计师、研究者、开发者合作，共同定义问题、定位产品、提出解决方案并对方案进行评估。

5）问卷调查

问卷调查是社会调查中的一种数据收集手段，是指利用网上或纸张的问题清单对用户进行发放，从而收集用户对产品的反馈意见，研究用户对产品的态度、行为特征和意见，用户填写完后再收回整理分析，从而得出结论。

在做问卷时必须明确以下两点：

（1）研究的主题是什么。

（2）问卷调查可以获取哪些信息。

在设计问题和选项时要注意以下几点：

（1）简洁、明确、易理解。

（2）态度中立、无诱导性。

（3）无关研究目的的不问。

（4）创造性地设计问题。

（5）采用循序渐进、板块化的设计结构。

6）访谈

访谈法又称晤谈法，是指通过访员和受访人面对面地交谈来了解受访人的心理与行为的一种方法。访谈的主要目的是从用户的经验和认知中获得有价值的信息。

访谈是需要设计的,如挑选什么样的用户,以及如何制订详细的研究计划。对于访谈研究来说,设计一份合理、详尽、缜密的访谈提纲至关重要。那么访谈提纲的设计需要注意哪些方面呢?这个问题可以从访谈结构设计和提问方式设计两个方面来解答。

（1）访谈结构设计。

①从最简单的问题开始。

②从高开放性问题慢慢收敛。

③控制问题的数量。

④准备问题模板。

（2）提问方式设计。

①基于用户现有的经验提问。

②在问题的明确性和开放性之间找到平衡。

③避免排比式提问。

5. 以用户为中心的设计的意义

以用户为中心的设计在实际设计中具有很大的价值和意义,对产品、企业、设计师、用户产生了十分重要的影响。

（1）对产品。

一个好的产品首先是用户需求和市场需求的结合,其次是低开发成本。在产品的早期开发过程中,及早引入用户的参与,能开发出充分迎合目标用户群的需求和切合市场需求的产品,用户对产品的接受程度会上升,在一定程度上能容忍产品的某些缺陷。同时基于对用户需求的研究,可以判断未来产品的发展趋势,做好产品的整体规划。

（2）对企业。

一个成功的产品可以为企业带来巨大的经济利益,帮助企业快速发展。以用户为中心的设计结合了不同的部门,如研究、策划和销售等部门,形成了统一的发展战略,减少了由各部门之间的间隙带来的浪费。以用户为中心的设计由于在最初的研究发展阶段需求的资金相对较少，因此有利于企业制定出产品和服务的发展纲领。

（3）对设计师。

以用户为中心的设计可以拓宽设计师的视野，为其提供一个新的设计视角。设计师可以从用户的角度审视产品、发现问题，然后寻找解决问题的方法。在传统的产品和服务中，设计师、工程技术人员和市场人员一起努力，使产品达到他们的期望，但他们并不是用户，他们的期望并不等于用户对产品的需求。设计师只有在对用户做相关的研究后，以用户的角度看待设计，才能使设计出的产品获得成功。

（4）对用户。

一个好的设计产品可以使用户快速地达到目的，对于用户来说更容易学会、使用，使用方式更易于记忆，能够帮助用户提高工作效率、降低出错的概率。好的设计产品对于安全的重视将避免用户使用产品时给用户带来的身体伤害。同时一个好的产品不仅能够满足用户的需求，还可以给用户带来乐趣和美感，让用户获得情感上的满足。

以用户为中心的设计不是万能的灵丹妙药，因为所有对设计的见解都依赖用户，这样可能会导致设计出来的产品或服务视野狭窄。建立在不恰当的用户需求的基础上设计出的产品可能会被成千上万人使用，因为用户分段太多，以用户为中心的设计可能变得不实际。尽管如此，以用户为中心的设计还是很有价值的，是交互设计的方法之一。

二、以活动为中心的设计

1. 概述

我们所在的这个世界并不是所有的产品都是在以用户为中心的设计方法下被设计出来的，但是这些设计出来的产品依然工作得很好，很受用户欢迎。例如，在汽车的设计过程中没有对用户进行系统的研究，因为最早的汽车是按照马车上的座位和驾驶方式来设计的，它的驾驶装置起先类似船舵，然后变成各式各样的手和脚的控制装置，最后演化成今天的模样。我们身边的各种产品，包括剪刀、斧头、打字机、鼠标以及体育用品等，尽管在不同的文化中它们会有一些细微的差别，但是它们基本上是相同的，世界各地的人们都能学会使用。为什么这些物品会工作得那么好呢？最基本的原因就是在设计时，这些物品所被用来从事的活动是经过了深入理解的，这就是以活动为中心的设计。

以活动为中心的设计，其关注的重点不再是"用户"，而是用户要做的"事"或"活动"，它使设计人员能够集中精力处理事情本身，因此更适合复杂的设计。

以活动为中心的设计的"活动"指的是完成某一个目标的过程，主要有人的行为、工具的使用、面对的对象、所处的环境等。归结到设计方法主要有两个方面：一是对人的因素的研究，既研究人的生理、人的心理、环境等对人的影响，也在文化、审美、价值观等方面对人的要求和人的变化进行研究。二是研究技术的发展与突破可能对人类生活观念造成的影响，还要研究人与技术之间该如何协调，从而使技术进步带来的巨大改变能更好地为人类服务。因此，对于能够对交互设计起到推进作用的技术，人们都应该努力地去学习并掌握。从设计师的角度来看，以用户为中心考虑用户的内在需求和心理、生理接受能力的设计固然重要，但也要尝试应用新技术去设计方便好用的产品。

2. 与以用户为中心的设计的关系

以活动为中心的设计是由著名心理学家唐纳德·诺曼在以用户为中心的设计的基础上进行延伸而产生出来的一个方法，也是这几年慢慢流行起来的新设计方法，我们可以把它看作对以用户为中心的设计方法的一个补充。以活动为中心的设计和以用户为中心的设计有如下的两个大的区别：

第一，ACD 可以避免 UCD 在设计过程中被用户的特点所局限的情况，ACD 不关注用户的目标和偏好，而主要针对围绕特定任务的行为。与 UCD 相比，ACD 是一种较微观的方法，ACD 将目标分解为小的任务分支，再对这些任务进行研究和设计。比如，在设计一些专业产品的时候，用户更看重的是功能而非体验，这时结合 ACD，对任务和活动进行研究，观察用户的行为（不是目标和动机），设计出的产品将更具功能性。所以 ACD 的目的是帮助用户完成任务，而不是达到目标本身。但也不能过分强调 ACD 而忽视 UCD，ACD 的中心是专注任务，设计师若过于专注任务，就可能不会从全局角度为问题寻找解决方案。有一句古老的设计格言：如果你着手设计的不是一个花瓶，而是一个可以放花的东西，你将会得到不同的结果。

第二，关注用户的活动也不能忽视"人"这一设计的活动主体，在交互设计的过程中，在采用 ACD 的同时，也要将 UCD 相关的观点和思想考虑进去。活动理论的原则指出，活动是具有一定层次结构的，操作是作为动作单位而存在的，行动则是其活动单位，因此活动是一系列行动的总和。操作、行动和活动的形式是多种多样的，但活动的基本目标是固定不变的，所以在进行 ACD 的时候可以兼顾 UCD 给设计带来的影响。

3. 以活动为中心的设计的原则

产品被使用和被制作出来就构成了物与人之间的关系，这一关系通过完成相关任务表现出来。用户对产品的操作性、认知性和感性的理解依赖于对客观行为的观察。究竟如何把握用户行为、如何以活动为中心展开设计呢？有以下几个设计原则作为参考：

1）合乎人的尺度

人是产品交互过程中的主要对象和认知主体，因此满足人的需要是第一位的。产品的使用舒适与否、是否合乎人的需求、硬件的尺寸与人体特征的参数是否匹配是主要影响因素。这部分的研究主要依靠人机工程学的理论支持，硬件尺度是影响用户行为的关键因素。

2）考虑人的情绪因素

如果说合乎人的尺度指的是对人的生理结构的满足，那么满足人的情绪因素则主要从心理角度考虑人对产品的接受程度。情绪与人在使用产品时要达到的目的通常是没有直接关系的，但情绪上的变化会对人使用产品的行为产生影响。情绪影响人们的决策，能控制身体肌肉，通过化学神经递质改变大脑的运行方式，进而影响操作行为。情绪能够互相传染，反映在面部的情绪也对其他人的情绪和行为造成影响。

诺曼在其《情感化设计》一书中谈到，美观的物品是更好用的。漂亮好看的物品使人感觉良好，而这种良好的感觉会促使他们更具创造性地进行思考。美可以通过影响人的情绪进而影响人的行为，但影响人情绪的因素有很多，包括天气、光线、气温等自然因素，也包括音乐等人为因素。场景的气氛营造、情绪渲染对人类的各种社会行为有影响。例如，一个在商店中播放不同类型的音乐与人们购买红酒的行为的研究发现，是否播放音乐或者播放不同类型的音乐不太会影响人们购买红酒的数量，但是对购买红酒的品质有较大的影响，并且播放爵士乐能够为红酒销售创造更多的利润。

3）斟酌用户习惯

用户习惯是长期延续下来的一种用户行为，是用户和产品交互时相互影响、相互适应产生的行为。对于用户习惯这个问题，我们需要从两个方面来考虑：一方面，尊重和强调"用户习惯"具有一定的合理性；另一方面，"用户习惯"不一定是合理的，可能需要颠覆性的设计才能取得成功。

（1）尊重用户习惯。

习惯是在长时间、多频次、有意识的重复过程中形成的一种自发行为。一个产品的出现并不是独立开来的，用户接触一款新产品时，就已经养成了很多的使用习惯，因此，在设计新产品的时候应该考虑到产品的操作要与用户的习惯相一致，这样可以大大降低理解成本，使用户快速上手。

总之，要尊重用户的思维和习惯。比如，所有 APP 的屏幕左上方都是返回上一层级的按钮，右上方则为分享按钮，这样用户在想要返回或分享的时候，会自然而然地点击相关按钮，根本不需要考虑。一些常用的图标具有约定俗成的含义，小五角星表示收藏，三角形表示播放，向下箭头表示下载等，在设计时要尊重这些深入人心的用户习惯。

习惯形成之后将很难改变，不管它是好的还是坏的。例如，QWERTY 键盘（全键盘）是一个典型的基于用户习惯的设计案例，是劣势产品战胜优势产品的典型代表。最初，打字机的键盘按照字母顺序排列，这符合人们的记忆习惯。但由于技术不够成熟，如果打字速度过快，某些键的组合容易出现卡键问题，于是克里斯多福·萧尔斯发明了 QWERTY 键盘布局，他将最常用的几个字母安置在相反方向，最大限度地放慢敲键速度以避免卡键。因此

QWERTY 键盘的打字效率较低，它出现的目的并不是加快打字速度。后来，由于材料工艺和技术的发展，键盘卡键的问题得到有效解决，出现很多合理的字母顺序设计方案，可以大大提高打字速度，但都无法推广开来。至今QWERTY 键盘仍然是计算机输入键盘的主流，究其最主要的原因是习惯的力量，改革的成本很高，对于大多数人来讲速度的提高并没有实质性意义。

（2）打破用户习惯。

"千万不要和用户习惯开战"这话说的是不可打破用户习惯，虽然这一说法过于绝对，但说明了用户习惯的重要性。设计师在设计过程中不能一味地迎合用户习惯，这样会降低产品的趣味性，使产品缺乏生气。因此设计师可以在追寻和凸显产品的趣味性的基础上，有限度地改变用户的使用习惯，体现产品的差异化，给用户带来更独特、更深刻的体验。

在技术日新月异和互联网高速发展的今天，打破用户习惯可以产生很多非常好的产品。滴滴打车相对于传统的路边拦车来说，它通过技术改变了用户的习惯，成为优秀的产品。微信支付和支付宝支付都是对刷银行卡支付手段的创新，电子书相对于纸质书实现了改变阅读"介质"的突破。

进行设计时，设计师是迎合用户的使用习惯，还是打破过去的行为习惯呢？设计师应辩证思考，站在更高层次，基于商业目的、用户体验创新、科技创新等去综合考虑。同时，设计师应该遵从设计让世界更美好的原则。尊重用户行为习惯和打破行为习惯都能够创造好的设计。

（3）人与技术的协调。

以活动为中心的设计的思想涵盖了人需要去适应技术革新带来的生活变化。不应只要求产品适应人，人也要通过不断的学习和发展新技术，才可以推动社会进步，同时技术的不断进步可以积极地改变人们的生活。因此，人与技术之间应该相互协调、互相促进。

技术进步可以带来新的消费体验感受，如位于纽约凯特·丝蓓（Kate Spade）的可购物橱窗采用了 eBay（易贝）的科技。这家店铺实际上只有橱窗，橱窗挂满最新款的服装供顾客浏览，顾客可以在旁边的嵌入式平板上操作，了解产品信息，进行现场试衣，并在线购买。在线购买的同时让顾客能够欣赏凯特·丝蓓精心设计的橱窗。

4.活动为中心的设计

当设计师使用以活动为中心的设计方法进行设计的时候，需要注意以下几点：

1）理清活动背后的用户需求

进行设计的时候不能为了"设计"而"设计"，必须理解产品解决的用户需求和用户对产品的本质需求。这样可以拓展设计师的设计思路，不再局限于"活动"，进行思维上的转变可以产生很多意想不到的设计灵感。

前文提到，如果开始设计的不是一个花瓶，而是一个可以放花的容器，设计师将得到不同的结果。因为按花瓶设计，结果只是得到不同样式的花瓶而已，当思路转变之后以"容器"去理解，设计出来的可能是一件艺术品。Miyo 花瓶是墨西哥设计师哈维尔·莫拉（Javier Mora）设计的一款以铜为材质的花瓶，它采用镂空设计，像旋转舞者的裙子，又仿佛是一朵倒立的花，它的设计遵从黄金分割。Miyo 花瓶是独一无二的，蕴藏着勇气和力量、激情与绝望的设计情感。

设计师对牙刷进行产品改良设计时，会考虑牙刷的形状是否好看，是否符合人机工程学；刷柄是否舒适易握，便于操控；刷头的刷毛是否采用新材质，能否更好地保护牙龈；颜色是否醒目，能够被大众接受等。但是当用户认真思考之后，其实他们只需要某种产品能够让口腔变得卫生。当认识到牙刷的本质功能是清洁口腔时，设计师会思考未来的口腔护理是怎样的。是延续传统的"刷"，还是采取其他方式，如"喷"和"嚼"。这样一来，设计思路绝不会局限于牙刷本身。

2）活动的完成需要适应技术

以活动为中心的设计原则讲述了人与技术的协调，完成相关任务的时候需要适应技术对用户的要求，而不是一味地服从用户的意愿。

用户需要逐渐适应新技术，设计师不仅需要了解这一点，而且可以有效地利用这一点。很多时候用户必须先学习工具和技术，然后才会理解这项活动，如射击，必须先理解枪支的结构和特点才能掌握这项运动的精髓。科学家创造技术，设计师将技术转化为产品，用户适应技术。例如，用户从适应用鼠标操控计算机，到适应用手触控操作，用户随着技术的发展改变行为活动。很难证明触控方式是最好的人机交互方式，未来这种方式仍然会改变，用户将继续适应新技术。

3）设计可以引导活动更好地完成

以活动为中心的设计并不要求设计师分析和观察用户的行为，然后设计产品迎合用户的需求。以活动为中心的设计还需要设计师在适当的时间、地点通过特定的设计引导用户的行为达到某种目的，这是"以行为为中心"与"以用户为中心"两种设计思维的不同。设计对行为的引导可以是消极的也可以是积极的，这种引导可以从生理和心理两个层面来理解，概括来讲主要包括约束和刺激两种方法。

（1）约束。

生活中总有些状况让我们无所适从、摸不着头脑，如掏出一串钥匙不知道哪一把是正确的；拿出 U 盘准备插入电脑的时候会犹豫哪一面是正确的。类似的犹豫充分说明用户有选择，避免出现选择错误的最好办法是给用户唯一选择。因此，设计师通过对产品进行约束的设计方法，可以引导用户正确地操作。

如果用户能轻易发现产品物理结构上的限制性因素，就可以有效地避免错误操作。以门把手的设计为例，如果去掉把手，用户明白这扇门需要推开。生活中很多门被写上"推"或"拉"的文字，这是方便用户使用的设计，但此时这扇门的使用方式需进行两个层次的理解，对其本身而言并不是好的设计，不仅增加了成本，而且增加了用户理解的负担。

在公园、购物中心或广场，提供给人们休息的座椅利用率很低，设计供三人或四人使用的长椅经常只有一个人坐。尽管很多人徘徊、找不到座位，但他们不愿意和陌生人坐在一起。原因是他们需要私密空间，对陌生人有本能的排斥，而传统长椅的特点使他们感到和陌生人过于亲密。

（2）刺激。

设计原则中讲到考虑人的情绪因素，可见用户喜欢漂亮的产品。产品的形态、色彩、材质甚至是声音和触感等都属于这类刺激因素，通过刺激用户，可以激发用户思考，引导用户行为朝着预定的方向改变，从而完成产品需要完成的任务，达到其目的。

原研哉编写的《设计中的设计》一书讲到坂茂设计的卷筒卫生纸，它是设计可以引导用户更好地完成任务的绝佳例子，包含约束和刺激两个层面的引导。坂茂设计的卫生纸卷芯和纸都呈方形，因此用户使用时有阻尼感并发出"咔嗒咔嗒"的声音。由于不流畅的体验，拉出的纸比预想的少，传统的圆形纸筒拉扯滚动流畅，最终拉出的纸比实际需要的多。拉扯方形纸筒时，产生阻力并发出不悦耳的声音，刺激用户，引发用户思考，激发用户潜在的节约资源的意识，将用户行为朝着良性方向引导，有降低资源消耗并传递节约用纸的信息的作用。产品包装设计也如此，在放置时圆形纸卷间隙大，而方形纸卷能紧靠一起，可节省运输和存储空间，节省运输和存储成本。

三、以目标为导向的设计

1. 概述

以目标为导向的设计方法是交互设计之父艾伦·库伯在《交互设计之路：让高科技产品回归人性》以及《About face4：交互设计精髓》等书里阐述的设计方法，是其在 IDEO 公司工作期间研究的一种新的开发软件和交互设计产品的方法。这种设计方法为设计师提供研究用户需求和用户体验的操作流程与相关技术。其方法的核心在于产品设计是帮助用户实现目标，在实现的过程中，需要对用户进行相关研究以便完成一系列任务。本章节主要介绍其方法内容。

以目标为导向的设计综合了以下方面的技术：人种学研究、利益相关者（如投资商、开发者）访谈、市场调研、用户模型建立、基于场景设计以及一组核心的交互设计原则和模式。采用这种方法既可以满足用户对产品的需要，又能获取业务和技术需求的解决方案。在产品设计过程中，设计师要规划和理解使用其产品的用户如何工作与生活，使设计的产品形式能够支持和促进用户的行为，帮助使用者实现用户目标。目标导向设计要求充分理解用户目标，并基于用户目标建立用户模型以定义用户需求，然后以用户需求指导产品的交互设计。

交互设计不是凭空想象的，成功的设计师应该在产品开发过程中对用户目标保持高度敏感，而以目标为导向的设计方法是帮助设计师在定义和设计产品时需要解决大部分问题的有效工具。这些问题如下：

（1）用户是谁。

（2）用户试图实现什么目标。

（3）用户如何看待他们要实现的目标。

（4）用户认为哪些体验具有吸引力。

（5）产品应当如何工作。

（6）产品应当采用何种形式。

（7）产品功能如何有效地组织在一起。

（8）产品以何种方式面向首次使用的用户。

（9）产品如何在技术上易于理解、让人喜欢和易于操控。

（10）产品如何处理用户遇到的问题。

（11）产品如何帮助不常使用或者新用户实现其目标。

（12）产品如何为骨灰级用户提供足够的深度使用功能。

2. 以目标为导向的设计流程

艾伦·库伯在《About face4：交互设计精髓》一书中将设计过程分为以下6个阶段：研究、建模、需求、框架、提炼和支持。这些阶段同 IDEC 公司提出的交互设计的构成活动一致，即理解、抽象、架构、呈现和细节。但以目标为导向的设计更强调对用户行为建模和对系统行为的定义。

（1）研究。

研究阶段利用人种学实地研究技术（观察和情景访谈），获取有关真正的或潜在的产品用户的定性数据，还包括对竞争产品的调查，对市场的研究和品牌战略的分析，以及对产品利益相关人、开发人员、产品行业领域专家和特定技术专家进行访谈。

通过实地观察并进行用户访谈的最主要的目的在于能从中发现用户行为模式，从而帮助设计师对现有产品或正在开发的产品的使用方式进行分类。从用户行为模式分析用户使用产品的目标和动机，以及用户使用该产品希望达到的具体或一般性结果。对于商业和科技领域，这些行为模式对应某种职业角色；而对于消费产品，这些行为模式对应着生活方式的选择以及人物模型。市场研究有助于对人物角色进行选取，通过筛选和过滤选择适合产品模型的人物角色。利益相关者访谈、文献研究以及产品研究能够加深设计师对产品所属领域的理解，阐明产品的商业目标、品牌属性及技术限制等。

（2）建模。

通过上一个阶段对现场研究和访谈的分析，设计师得到用户的行为模式，通过引入"用户模型"这个概念，方便设计师了解用户的行为，如如何思考、预期目标以及为什么制定这种目标，给设计师提供精确思考和交流的方法。人物模型不是真正的人，它是研究中众多真实用户的行为和动机的代表。也就是说人物模型是合成模型，建立在调查过程中发现的用户行为模式的基础上。人物模型是经过人为加工的用户模型，它代表在使用行为、态度、能力、目标以及动机方面有显著不同的用户。建模提炼出这些用户模型和环境因素，在定义框架阶段用于产生产品概念，也可以为产品优化阶段提供反馈，以保证设计的一致性。

在建模过程中，设计一款能够满足多样化用户喜欢的产品，功能应该尽可能的广泛才可以满足更多的用户。但这种思路有缺陷，在建模的时候设计师应该关注特定个体的产品，不要求大而全，因为功能过于复杂会增加用户的认知负担，对用户造成使用困扰。

（3）需求定义。

在需求定义阶段，设计团队采用的设计方法为用户和其他模型之间提供了紧密的联系，也提供了设计框架。这一阶段主要基于以场景为基础的设计方法，其重要突破点在于不仅关注抽象的用户任务，而且关注人物模型对产品的需求，重视产品如何在创建的人物模型的生活环境中帮助用户实现目标和需求。人物模型可以帮设计师确定哪些任务重要和为什么重要，使设计的产品能实现最小化工作量和最大化企业收益。场景的主角是人物模型，设计师通过角色扮演的形式探索设计空间，为设计提供思路和见解。

对于每个界面的首要人物模型来说，在需求定义阶段的设计过程中要分析人物模型数据与功能需求，并用对象、动作和情境阐述。在不同的情境中，基于人物模型的目标、行为及其他人物模型的交互对这些数据和需求进行优先级排序并获取信息。

（4）设计框架。

在以目标为导向的设计中，设计师从高层次关注用户界面和相关行为的整体结构的阶段称为设计框架。设计师不能直接从细节入手，只着眼于局部，设计框架在设计中起到高屋建瓴的作用，是总领全局的观念。

这一阶段重点定义各种设计元素，着重考虑信息和功能的展现，其中信息、功能、机制、动作和人物模型都是重要的组成部分。通过对用户调研的结果、技术可行性和商业价值的综合考虑，交互设计师为产品的目标创建概念模型，从而为产品的用户行为和视觉设计可能的物理形态（工业设计），定义基本的框架。

基于用户行为分析的相关数据和层级结构被设计师用来定义交互框架，这是一种固定的设计模式，为后面的细节设计提供交互逻辑和高层次的形式结构。交互框架出现之后，视觉设计师开始使用视觉语言研究开发视觉设计框架，也称为设计原型，主要从图形、字体、颜色体现品牌属性和设计风格。如果产品具有物理形态，那么设计师采用形式语言研究开发的物理模型和设计模型，用以确保整体的交互概念可用。

（5）提炼。

提炼阶段也称为细化设计阶段，这一阶段与框架定义阶段类似，但更注重细节呈现。交互设计师更专注活动的一致性，对关键场景和验证场景检验是否合理。视觉设计师通过对产品风格类型的定义和对图标、文字、颜色等视觉元素的应用，创造层次分明的视觉界面，为用户提供良好的用户体验。设计师在恰当的时候确定材料并和工程人员合作，完成装备方案和生产技术论证。提炼阶段的尾声是提供一份详细的设计文档，以行为规范或蓝图的方式呈现。

（6）开发支持。

即使精心构思并通过验证的设计也无法预计开发过程中遇到的每个困难。开发者在构建产品的过程中要及时回答用户随时提出的疑问，开发团队经常为赶工期而将工作按优先级排序，因此他们会缩减开发周期。如果设计团队不调整方案，开发人员不得不因时间紧迫而想自行修改，这样可能严重地损害产品的完整性。

3. 以目标为导向的主要内容

以目标为导向的设计方法主要由人物角色（用户模型）、目标和场景三部分组成。目标是用户对使用产品的期望，设计师需要考虑不同的人物角色在不同场景中的使用方式。从目标用户入手，明确用户使用产品需达到的目标，运用场景分析产品能否满足用户的需求，是以目标为导向的设计方法的基本思路。

（1）人物角色。

人物角色是对产品目标用户群体真实特征的描绘，是真实用户的综合原型。人物角色不是真实的人物，但是在设计过程中代表着真实的人物，具有目标群体的真实特征。通过对产品使用者的目标、行为和观点等进行研究，将这些要素抽象综合成一组对典型产品使用者的描述，以辅助产品的决策和设计。

为了确定目标用户群体，设计师通过创建人物角色分析用户潜在使用环境与其他行为模式的关系，通过对人物角色添加一些简要的内容使其更加真实。一般包含姓名、照片、个人基本信息、产品使用情况的描述、日常生活的描述、用户的目标期望、产品使用行为的描述。

人物角色模型是一种非常实用的设计工具，在产品开发过程中有助于解决遇到的难题，有以下主要作用：

①确定产品的功能，人物角色的目标与人物奠定整个设计的基础。

②促成意见统一，帮助团队内部确立适当的期望值和目标，一起创造精确的共享版本。

③提高效率，让每个设计师优先考虑有关目标用户和功能的问题。

④带来更好的决策，与传统的市场细分不同，人物角色关注的是用户的目标、行为和观点。

（2）用户目标。

如果人物角色为方便观察用户行为提供情境，那么用户目标是这些行为背后的驱动力。在完成任务的过程中反映出产品的功能和行为，一般情况下任务越少越好，任务只是达到结果的手段，而目标才是最终的目的。在设计的时候要始终坚持以用户目标为设计的方向。

唐纳德·诺曼在《情感化设计》一书中提到产品设计的三个不同设计维度，即本能、行为和反思。诺曼提出了这三种维度对于用户产生体验目标、最终目标和人生目标三种用户目标类型的影响。

①体验目标是简单、通用且个性化的，表达用户在使用产品时期望的感受或与产品交互的感受。

②最终目标代表用户使用某个具体产品执行任务的动作，是决定产品整体体验较为重要的因素之一。最终目标的实现体现为用户觉得付出的时间和金钱是值得的。

③人生目标代表用户的个人期待，通常超越了涉及产品的情境，是用户深层次的驱动力和动机的反映。人生目标是人物角色长期欲望、动机和行为特征的描述。

（3）场景。

场景是用具体的故事阐述设计方案的一种方法，告诉用户产品在什么原因造成的什么情况下使用。

创建好的场景需要解决下列关键的问题：

①用户是谁。

②用户为什么会使用该产品。

③用户如何完成自己的目标。

对于交互设计来说，可以分为以下三类场景：

①基于目标或任务的场景。

②精细化的场景。

③全面的场景。

四、系统设计

1. 概述

系统设计是解决设计问题的一种非常理性的分析方法。它通常把需要解决的问题放在工作流程中解决，把用户、产品、环境和环境组成要素构成的系统作为一个整体考虑，分析各组成要素之间的相互关系和影响，从而提出合理的设计方案。系统不一定指计算机，可以是由人、产品和环境组成的，系统可以很简单（如家里的供热系统），也可以非常复杂（如政府的组成体系系统）。系统设计方法是一种结构分明、精确严密的设计方法，对于解决复杂问题特别有效，可以提供全盘性视觉，便于整体分析。

在以用户为中心的设计中，用户位于整个设计过程的中心，系统设计则把相关元素当作互相作用的实体来衡量。系统设计并没有忽视用户的目标和需求——这些目标和需求作为系统的预设目标，在整个系统设计方法中，便于引起对各个元素的重视，尤其是场景而不只是单独强调用户。系统设计和以用户为中心的设计完全兼容，两者的核心都是在理解用户目标的基础上做设计。系统设计观察用户与场景的关系，也观察他们在设备、他人以及自己之间进行的交互。

系统设计最强大的地方在于可以为设计师提供一个全景视野来整体研究项目，将目光投向产品和服务的环境，而不是单个的对象或设备，通过对使用过程的关注获得对产品或服务环境的更好理解，毕竟没有一个产品存在在真空里。

2. 系统设计主要研究的内容

在信息爆炸化和知识密集化的今天，衍生出很多拥有各自的知识体系和结构的内容，使产品形态成为一个特别复杂的综合体。因此，在系统设计中，研究的主要内容是"人—机—环境"系统，简称人机环境。构成人机系统的三大要素——人、机器和环境可以看作人机系统相对独立的三个子系统，分别归属于行为科学、技术科学和环境科学的研究范畴。系统设计强调应该把系统当作一个整体考虑，部分属性之和不等于系统的整体属性，具体状况取决于系统的组织结构及系统内部的协作程度。因此，在研究的时候既要研究人、机和环境每个子系统的属性，又要对系统的整个结构和属性做研究。因此，可将系统设计主要研究的内容分为人的因素、机的因素、环境因素和综合因素四个方面。

（1）人的因素。

人的因素包括人体尺寸和机械参数。人在操作产品时的行为姿态和空间活动范围，属于人体测量学的研究范畴。人在操作产品时的操作力、操作速度和操作频率，动作的准确率和耐力极限等，属于生物力学和劳动生理学的研究范畴。人对信息的接收、存储、记忆、传递、输出能力以及各种感觉通道的生理极限能力，属于认知心理学的研究范畴。人的可靠性及作业适应性主要包括人在劳动过程中的心理调节能力、心理反射机制以及在正常情况下失误的可能性和起因，属于劳动心理学和管理心理学的研究范畴。总之，人的因素涉及的学科很广，在进行产品的人机系统设计时应该科学合理地选用各种参数。

（2）机的因素。

机的因素包括信息显示系统和操作控制系统设计，主要指机器接收人发出的指令的各种装置，如操纵杆、方向盘和按钮等。这些装置的设计及布局必须充分考虑人输出信息的能力。信息显示系统主要指机器接收到人的指令后，向人做出反馈信息的各种显示装置和嗅觉信息传达装置等。无论机器如何把信息反馈给人，都必须快捷、准确和清晰，并充分考虑人的各种感觉通道的"容量"。此外有安全保障系统，主要指机器出现差错或人失误时的安全保障措施和装置。它包括人和机器两个方面，其中以人为主要保护对象，对于特殊的机器还应考虑救援逃生装置。

（3）环境因素。

①环境因素包含的内容十分广泛，通常要考虑物理环境、心理环境和美感因素。

②物理环境指环境中的照明、噪声、温度、湿度和辐射等。

③心理环境主要是指对作业空间的感受，如厂房大小、机器布局和道路交通等。

④美感因素指产品的形态、色彩、装饰以及功能音乐等。

⑤此外，还包括人际关系等社会环境对人心理状态的影响。

（4）综合因素。

综合因素主要考虑以下情况，即人机间的配合和分工，也叫人机功能分配，应全面综合考虑人与机器的特征及机能，从而扬长避短，合理配合，充分发挥人机系统的综合使用效能。人机要合理分工，由机器承担笨重的、快速的、有规律的、单调的和操作复杂的工作，人主要做对机器系统的设计、管理、监控、故障处理和程序指令的安排等工作。

3. 系统设计的原则

设计方法的原则都大体相同，系统设计以技术先进、系统实用、结构合理、产品主流、低成本和低维护量为基本建设原则，规划系统的整体构架。

先进性指的是在产品设计上，整个系统软硬件设备的设计符合高新技术的潮流，媒体数字化、压缩、解压和传输等关键设备均处于国际领先的技术水平。在满足现有功能的前提下，系统设计具有前瞻性，在今后较长时间内保持一定的技术先进性。

安全性指的是系统采取全面的安全保护措施，具有防病毒感染、防黑客攻击的措施，同时在防雷击、过载、断电和人为破坏方面进行加强，具有高度的安全性和保密性。对接入系统的设备和用户进行严格的接入认证，以保证接入的安全性。系统支持对关键设备、关键数据、关键程序模块采取备份措施，有较强的容错和系统恢复能力，确保系统长期正常运行。

合理性指在系统设计时，充分考虑系统的容量及功能的扩充，方便系统扩容及平滑升级。系统对运行环境（硬件设备、软件操作系统等）具有较好的适应性，不依赖某一特定型号计算机设备和固定版本的操作系统软件。

经济性指在满足系统功能及性能要求的前提下，尽量降低系统建设成本，采用经济实用的技术和设备，利用现有设备和资源，综合考虑系统的建设、升级和维护费用。系统具有向上兼容性、向下兼容性、配套兼容和前后版本转换等功能。

实用性指本系统提供清晰、简洁、友好的中文人机交互界面，操作简便、灵活、易学易用，便于管理和维护。例如，具有公安行业风格和公安行业习惯操作的客户端界面在快速处理突发事件时有较高的时效性，能够满足公安联网指挥的统一行动。

规范性指系统中采用的控制协议、编解码协议、接口协议、媒体文件格式和传输协议等符合国家标准、行业标准和公安部颁布的技术规范。系统具有良好的兼容性和互联互通性。

可维护性指系统操作简单、实用性强，具有易操作和易维护的特点，系统具有专业的管理维护终端，方便进行系统维护。另外，系统具备自检、故障诊断及故障弱化功能，在出现故障时能及时、快速地进行自主维护。

可扩展性指系统具备良好的输入、输出接口，可为各种增值业务提供接口，如 GIS（地理信息系统）电子地图、手机监控和智能识别等。同时，系统可以进行功能的定制开发，实现与公安内部系统的互联互通。

开放性指系统设计遵循开放性原则，能够支持多种硬件设备和网络系统，支持软硬件进行二次开发。各系统采用标准数据接口，具有与其他信息系统进行数据交换和数据共享的能力。

五、天才设计方法

天才设计方法几乎完全依赖设计师的智慧和经验进行设计与决策。设计师尽其所能判断用户需求，并以此设计产品。与其说天才设计是一种设计方法，不如说是一种设计理念。这种理念主要依赖设计师或 CEO（首席执行官）的个人智慧和才能，体现设计师个人的价值，往往是因出其不意、突破用户的心理预期和打破用户的使用习惯而获胜。

1. 天才设计方法的作用

（1）对于经验丰富的设计师来说，这是一种快速的、个人化的工作方式，最终设计能充分体现设计师对产品的敏锐直觉。

（2）这是最灵活的一种设计方法，设计师可以将精力用在他们认为合适的地方。

（3）没有条条框框的限制和约束，设计师的思路会更开阔、创新也会更自由。

2. 使用天才设计方法的原因

天才设计方法与其他严谨的设计方法相比，显得更加洒脱和自由，一般在如下几种情况下使用。

（1）出于对自身品牌的自信，相信品牌的号召力和自身的实力，尽管产品有瑕疵，粉丝也可以容忍，如 Apple（苹果公司）的 iPod（便捷式数字多媒体播放器）、iPhone（苹果手机）等产品。

（2）受资源或条件的约束。例如，有些设计师工作的企业不提供调查研究的资金和时间，存在设计师的好的设计方案不被公司认可和重视的情况，因此他们只能自己创办公司，完成自己的设计。

（3）出于保密或营销策略，在产品投入市场之前，不向外界透露任何与产品相关的信息，基本不做用户研究和用户测试，要做也是在公司团队或公司内部进行，只在非常必要的情况下才做，希望产品出现时能够使用户感到惊喜。

天才设计方法可以创造一些经典的令人印象深刻的设计，也有失败的案例，如苹果公司在 1993 年推出的第一台掌上电脑 Newton，因为尺寸过大并限于当时材料技术的水平，识别准确度未能让人满意，从而停产。

第二节　交互设计的需求分析

一、什么是设计需求

设计需求主要包括目标用户、使用场景和用户目标。设计需求可以看作目标用户在合理场景下的用户目标，其实就是"谁"在"什么环境下"想要"解决什么问题"。设计需求其实是一个个生动的故事，告诉设计师用户的真实情况。设计师需要了解这些故事，帮助用户解决问题，并在过程中让他们感到愉快。

1. 设计需求的来源

在实际项目中，了解设计需求的主要方式有用户调研、竞品分析、用户反馈分析和产品数据分析等，这些都需要产品经理和设计师密切关注。

2. 设计需求的概念

通过问卷调查、用户访谈和信息采集等手段挖掘设计需求，了解目标用户在真实使用环境下的感受、痛点和期望等。设计需求包含以下两层含义：

（1）Need（需要，必要）：主要是物质层面的需要，表示最基本、最核心的需要，相当于马斯洛提出的生理和安全的需求。

（2）Want（想要，希望）：主要是精神层面的需求，相当于马斯洛提出的感情、尊重和自我实现的需求。

我们可以通过生活中的小事理解什么是设计需求，什么是设计想要的。例如，寒冷的时候，穿上厚厚的冬衣，这是保暖的"需要"，可是还希望保持苗条的身段，这是追求美的"想要"。理想情况是两者的满足，看起来是一件十分困难的事，但是随着人类的进步和科技的发展，这样的矛盾能够得到解决。

无论满足"需要"还是"想要"，或满足"必要"还是"希望"，均是交互系统中的设计需求目标。这种设计需求从用户的角度出发，可以分为显性需求、隐性需求和潜在需求。

（1）显性需求：用户能非常明确提出的基本需求，或用户在现有产品的基础上提出的新的需求。

（2）隐性需求：用户现阶段还不能明确提出的需求，但当这种需求出现时能够完全被用户认可和接受。

（3）潜在需求：用户有明确的欲望，但受购买力等条件的限制，尚无明确显示的需求。

例如，当人们在旅途中放松时，自然会想到用MP4（多功能播放器）、iPod或智能手机等产品听一段音乐或欣赏一段视频，这是显性需求。但是人们不一定会想到欣赏一段3D视频，体验身临其境、真假交融的虚拟现实。如果有这样的产品推出，难道人们会拒绝吗？在现阶段，可以随时随地体验3D视频对用户是一种隐性需求。也许用户想到戴立体VR眼镜才能体验3D视频，但未必能想到裸眼同样可以实现，甚至自己可以拍摄3D视频或照片，这些属于隐性需求。

相比之下，识别用户的显性需求较容易，而挖掘用户的隐性需求并非易事，因为后者需要更多的设计创新。从苹果公司2010年推出的掌上影音产品iPod第一代，到现在的iPod Touch（苹果多媒体播放设备）第四代，就充分体现了这一点。

如何让用户被界面吸引，进而愿意通过操作完成任务呢？首先，要了解用户，知道用户有什么样的需求，他们想要的是什么。其次，设计师要保证界面逻辑不是错误的，使用户顺利完成任务。最后，设计师要力求设计形式符合用户的心理模型，使用户感受人性化的设计。

二、确定设计目标

目标的定义是个人或群体为了某种追求，期望达到的最终结果或境界。在英文中一般用单词 target 或 goal 表示，但两者有所区别。target 表示明确的、具体的目标，如被射击的对象；而 goal 表示需要经过一番努力奋斗才能获得的结果。设计的目标侧重用 goal 表示，可以从如何选择和了解用户两个层面分析。第一步是了解用户的需求与期望，确定用户为实现目标可能采取的行为。第二步是如何满足用户需求，确定产品或系统的解决方案。

在设计目标、使用场景和用户目标三个因素中，设计目标是最关键的。设计师按照用户对音乐的需求和专业程度将其分为三类人群，即休闲型、小资型和达人型。休闲型的用户没有明确目的，主要为消遣娱乐；小资型的用户对音乐有较高要求，追求品质；达人型属于音乐发烧友，追求极致的体验。

1. 如何寻找设计目标

假如对一款摄影类手机应用做优化，产品经理给设计师的需求文档包含以下功能和要求：增加滤镜种类；增加批量修改照片的功能；增加自定义调节功能；为同一款滤镜增加不同强度；增加滤镜叠加功能。

在优化任务中，产品经理要求增加一系列功能，这些要求可能来源于竞品和用户，但这些功能是用户的本质需求吗？可以在同类产品中更有竞争力吗？由于之前没有设计师介入，产品经理没有真正地接触用户，因此这些功能更偏向产品经理个人的主观判断。

因此，设计师不要先做设计，而要思考以下问题。既然做优化，说明已经有一定的用户基础，那是不是可以先查阅目前用户的评论和反馈？是不是可以观察身边的人是如何使用的？

以下是较有代表性的用户意见：选择滤镜时左右为难，找不到自己喜欢的滤镜；同一款滤镜是否分为不同强度，如轻度、中度和强度；希望增加滤镜种类；为同一组照片添加相同的滤镜，却很难找出之前使用的滤镜；希望增加自定义调节功能，分别调节照片的亮度、饱和度和对比度；两款滤镜是否可以叠加。

通过对它们进行简单分析后发现产品已经提供了 12 款滤镜，但用户依然找不到喜欢的，说明滤镜的品质欠佳。用户希望增加滤镜种类，可能由于滤镜的差异化较小，品质一般，难以满足用户的需要。很难找出上次使用的滤镜，可能因为滤镜的差异化较小。希望增加自定义调节同一款滤镜的不同强度和滤镜叠加等功能，这些都是用户对滤镜个性化的需求。

设计师针对竞品做简单分析，并查看用户对竞品的评价，询问身边用户对竞品的意见，最后得出如下结论：大部分竞品提供个性化修改图片的方式；用户更乐于分享个性化修改后的图片，因为能体现自己的风格；用户使用竞品 A 美化照片，再使用竞品 B 分享给好友，竞品 A 的滤镜效果非常有质感，但是竞品 A 没有分享功能。

从简单的竞品分析中可以得出结论，用户需要更个性化、品质更好的滤镜，并且应该突出分享功能。

综上所述，最终达到四个设计目标：提升滤镜品质、增加滤镜差异化、增加个性化滤镜和突出分享功能。

2. 如何确定设计目标

一方面，确定设计目标使设计师更专注地服务特定人群，更容易提升这类用户的满意度，产品更容易获得成功；另一方面，目标用户的特征对使用场景和用户目标有较大影响。因此目标用户的选择非常关键。

（1）如何选择用户。

用户选择涉及两个方面：一是用户群体的选择，二是用户数量的选择。

对于显性需求，一般可选择直接用户，如交互式家用智能清洁产品，可以选择中等收入以上的知识分子家庭，如白领、教师和公务员家庭等，因为这类人群工作繁忙，且没有足够的财力聘请家政。对于隐性需求，可以从相关用户中选取，如相关领域的专家和营销人员等。

人数选择与选择用户的研究方法有关，用户观察或产品评估的研究对象一般为 5~10 人，且用户类型的选择比人数更重要。为了便于表达所选择用户的分布情况，采用表格的形式表示，并将其称为用户选择矩阵。

（2）需要了解用户什么。

了解用户的真实需要与期望，必须走近用户，把用户当老师，设法获得第一手资料。需要了解的内容主要有以下几个方面：

①背景：年龄、职业、喜好、学历和经历等。

②目标：用户使用产品的目的是什么。用户最终想得到什么结果。

③行为：用户与产品之间采取什么样的交互行为以达到目标。

④场景：用户在什么情况下使用系统。

⑤喜好：用户喜欢什么。不喜欢什么。讨厌什么。

⑥习惯：用户的操作或使用习惯，如输入中文信息时，用拼音还是手写，用左手还是右手，单手操作还是双手操作等。例如，阅读习惯、休闲习惯和工作习惯等。

以电子商务网站为例，用户的主要需求是购买心仪的产品，但前提是他们需要先找到想要的产品。在这个过程中，他们的目标可能是明确的（知道自己买什么），也有可能是模糊的（想买钱包，但没想好买什么款式），还有可能没有目标（随便逛逛，看到喜欢的就买）。

目标明确的用户使用产品时会按照流程一步步完成任务，而对于目标不明确的用户，则需要通过更多的展示内容吸引他们。用户被吸引才可能尝试操作，进而完成任务。例如，淘宝的收藏夹和购物车页面，它们的内容是类似的，都包含图片、商品名称和价格等元素。如果按照正常逻辑处理，这两个页面的设计样式应该是类似的，有的网站甚至把这两个页面做成相同的样式。但为什么淘宝的收藏夹和购物车有很大差别呢？

这是因为考虑用户的使用情境和心理感受。如果用户对商品感兴趣，但不急于购买，倾向把商品放在收藏夹中；如果用户的购买意愿较强，就倾向放在购物车中。所以收藏夹需要适度地突出图片、评论和人气等内容吸引用户购买；而购物车应尽量简洁明了，不过多干扰用户，方便用户迅速下单。

帮助用户找到想要的商品。信息组织与分类的目的是使信息易于找寻，使有明确目标的用户能快速找到所需信息；使不确定目标的用户通过浏览和寻找，逐步明确所需信息；使没有目标的用户在探索中激发需求。所以互联网产品中信息的组织与分类要符合这三种情况。通过合理组织网站承载的信息，帮助用户找到他们真正想要的信息。

在电子商务网站 eBay 的首页，明确购买目标的用户可以通过搜索框快速找到特定商品。对于购买目标模糊的用户，可以使用页面左上方的商品分类，在特定的类别中寻找商品。完全没有目标的用户则可以浏览最近热销或折扣商品，在闲逛中激发购买需求。

在新闻资讯类网站 BBC（英国广播公司）首页，大部分用户浏览新闻资讯类网站没有明确目的，只想知道最近发生的热门事件。页面的大部分内容为这部分用户提供资讯。或有明确目标想查找具体信息的用户也可以在页面上找到想要的信息。

吸引无目标用户。对于无目标或目标不明确的用户来说，我们不能再用理性和逻辑的思维方式对待他们，而是要充分地换位思考，用感性的思维方式给用户提供贴心、友好和有吸引力的界面。

例如，新浪微博登录页面，对于有微博账号，想登录微博浏览信息的用户，这个页面的逻辑没有任何问题。页面没有干扰，用户可以快速找到登录框，完成操作。对于没有账号并想注册的用户，页面提供显眼的"立即注册"按钮。对于那些听说过微博，不知道其作用的，或没有账号想了解但懒得注册的闲逛型用户来说，这个页面的内容无法吸引到他们。这部分用户可能因为无法了解更多信息而流失。但是如果有吸引人的信息，他们可能会留下来，并注册成活跃用户。

例如，知乎登录页面，在页面最显眼的地方提供登录框，页面下方推荐高质量用户和热门话题的回复，使用户在没有注册时也对网站内容略知一二。从产品逻辑来说，登录页面的任务是让用户登录，一个简单的登录框就可以完成任务。如果严格遵守产品逻辑，内容推荐也许不会出现在页面上，无目标用户很难被吸引。

在设计过程中，设计师应该充分考虑用户如何理解产品，并在交互设计的表现形式上更贴近用户的心理模型，避免将枯燥的逻辑直接呈现给用户。作为设计师，特别是在以用户为中心的设计领域，工作之一是帮助用户，让用户明白他们到底想要什么。这不仅是让设计师们知道他们希望制造什么，而且还让他们明白为什么需要这样做。他们是希望赚更多的钱、获得更多的用户还是只是制造更多反响。设计师把这方面的需求叫商业目标。

3. 根据设计目标定义设计需求

首先，通过和产品经理一起讨论并整理思路，最终一致认为对于用户来说，滤镜的品质是第一位的，如果品质不好，差异化即使再明显也没有用。其次，滤镜的差异化使用户容易找到自己喜欢的滤镜。个性化功能排在第三位是因为使用这类功能的用户专业度较高，人数相对少。最后，突出分享功能，因为只有前面做好了，用户才愿意分享。

综合前面的所有观点，得到设计目标、优先级以及对应的设计需求。

三、设计需求定义过程

设计需求定义的过程要求设计师不断做出选择，如选择使用一种字体而不用另一种。设计的选择包括加入元素种类的选择，需要考虑这些元素如何呈现信息与功能。但是设计师应该如何做出选择呢？这难道仅仅依靠直觉吗？还是根据用户的喜好决定。公司老板为设计师的独特观点雇用员工，但是老板更希望员工能够以一种更易被大众接受的方式将设计师的创意付诸实施。公司老板希望设计师根据用户身份以及他们特殊的需求和目的对设计进行选择。设计师为老板所做的工作是帮助他们取得进一步的成功，赚更多的钱，获得更多的用户，使设计传达的信息更加明确，提供更出色的用户体验。

设计师要理解公司老板和用户的需要，并对其重要性进行排序，最后在设计时才能做出正确的选择。区分目标的优先与否能够帮助设计师做出决断、调解争端，并帮助设计师判断产品的设计完成度。

（1）用户访谈(焦点小组)：有针对性地选择多个用户(8~12 个)进行访谈，根据访谈要点面对面交流与沟通。时间一般在 1~2 小时。访谈分以下几种情况：

①访问用户指了解用户使用产品的动机与期望；使用产品的时间、地点、情景和方式；完成预定目标的情况；对产品的评价和意见等。

②访问主题专家包括专家级用户或某一领域的专家，从中了解对现有产品的改进意见、有关的专业知识和新的需求等。

③访问管理人员、市场部人员和研发人员等当事人，从中了解他们对新产品的看法、上市时间以及约束条件等。

（2）用户观察指利用记录、拍照、视频或录音等技术手段获取用户使用现有产品或新产品原型的行为或语言等信息。由于用户所说的并不一定是他们真正的需求，尤其是中国用户受文化的影响，一般不会直接、真诚和准确地说出自己的想法，所以采用行为观察是一种极为有效的方式。

用户观察的目的是了解用户真正的想法，避免出现言行不一的情况，因此，在实践中要根据研究目标和实际情况，选择合适的观察方式和观察者角色。必要时可借助眼动分析和行为分析等技术手段。

（3）文献研究指查阅与产品系统有关的文献，包括产品市场规划、品牌策略、市场研究、用户调查、技术规范白皮书、本领域业务和技术期刊文献等。特别要充分利用互联网搜索引擎及图书馆电子文献资源等获取最新信息。

（4）竞品分析指对现有产品以及主要竞争对手的产品进行分析。可采用图表的形式表达，如逐项列出用户需求，再根据用户需求，分别与竞争对手的产品进行比较。找到有代表性的同类产品，对比产品之间的优势和劣势，从而发现产品的突破口。竞品分析可以根据规划进行，也可以根据功能和设计细节进行，这取决于项目情况和需要。在竞品分析的过程中，设计师可以研究对手是怎么拟定产品战略，怎么做用户体验，怎么处理逻辑、界面层级和界面细节的。好的方面可以借鉴，不好的方面可以超越。竞品分析提供的内容是需求的重要来源之一。

（5）德尔菲法（专家意见法）指采用背对背的通信方式征询专家小组成员的预测意见，经过几轮征询，使专家小组的预测意见趋于集中，最后做出符合市场未来发展趋势的预测结论的研究方法。

（6）调查法指为了达到设想的目的，制订某一计划全面或比较全面地收集研究对象的某一方面情况的各种材料，并进行分析、综合，得到某一结论的研究方法，包括问卷调查和电话调查等。

第三章　多媒体人机交互界面

第一节　多媒体人机交互界面概念

多媒体人机交互界面是个比较复杂的概念，具有丰富的内涵，需要从多方面对其进行深刻的理解。

一、人机交互

多媒体界面从本质上讲是人与计算机交互行为的中间媒介，因此，人机交互是多媒体界面设计中的重要内容。

（一）人机交互概念的界定

人机交互是一门研究系统与用户之间的互动关系的学问。系统可以是各种各样的机器，也可以是计算机化的系统和软件。具体地讲，人机交互是一门交叉学科，集计算机科学、认知科学、心理学和社会学于一体。人机交互从广义上理解就是用户体验；从狭义上理解是指人与机器之间的互动方式——从键盘输入、手柄操作、触控操作，到索尼、微软不久前推出的动作感应。大多数交互式计算系统都是为了实现人的某种目的，并在人所处的环境下与人交互的。

人机交互技术研究的终极目标是自然用户界面，这种界面类似人和人之间的互动，人们不用通过学习就能够和计算机甚至是任何设备进行自然的交互；也就是研制能听、能说、能理解人类语言的计算机，使计算机更易于使用，操作起来更愉快，从而提高使用者的生产率。

人的体验决定了技术的方向，用户的接受程度决定了业务应用对技术的期望。人机交互技术的关键在于如何适应人类的体验需要，而不是改变用户的体验需要。

（二）人机交互发展的历史

人机交互的发展历史是从人适应计算机到计算机不断适应人的发展史。它经历了几个阶段：早期手工作业阶段、作业控制语言及交互命令语言阶段、图形用户界面交互阶段、网络用户界面交互阶段、多媒体用户界面交互阶段及智能人机交互阶段。

人机交互是随着科技的不断发展而发展的，自从计算机出现以来，人机交互技术经历了巨大的变化。总体来看，它是一个从人适应计算机到计算机不断适应人的发展史。

1. 人适应计算机

在人工操作的早期阶段，计算机十分笨重，用户不得不使用计算机代码语言和人工操作方法。在作业控制语言和交互式命令语言阶段，主要计算机用户（程序员）可以使用批处理作业语言或交互式命令语言调试程序，通过记忆许多命令并在键盘上敲击来了解计算机的执行情况。

2. 计算机适应人

在图形用户界面（GUI）阶段，用户无须掌握复杂的计算机语言即可直接控制计算机，即使是不懂计算机的普通用户也能熟练使用，极大地扩展了用户群，使计算机得到前所未有的发展。随着科学技术的进一步发展，Web（网络）用户界面的出现增强了人机交互，Web 用户界面的典型代表是基于超文本标记语言 HTML 和超文本传输协议 HTTP 的 Web 浏览器，WWW（万维网）所形成的网络已成为互联网的骨干。与此同时，新技术不断涌现，如搜索引擎、网络加速、多媒体动画、聊天工具等，将人机交互提升到一个更高的层次。多通道、多媒体的智能人机交互阶段是真正人机交互的开始。当前计算机的两个重要发展趋势是拟人化计算机系统与计算机的小型化、便携性和嵌入式，如虚拟现实、PDA（掌上电脑）和智能手机。随着纯视觉通道的交互方式向多通道的交互方式转变，人机交互更加人性化，操作也朝着更加自然高效的方向稳步发展。

3. 人机交互的发展展望

在目前人机交互领域的研究课题中，手指的一个微小动作、声波在空气中的震动、眼珠和舌头的运动、肌肉传导的兴奋都可以成为信息传导的过程，而人的交互对象不只是计算机，还包括我们周围的整个环境。

以人为中心、自然、高效将是新一代人机交互的主要目标。未来人机交互的发展将发生巨大转变：一方面，输入方式改变，从鼠标和键盘转变为手势、触控及感应等；另一方面，电脑从现在被动地听从我们的指令行事转变成电脑会依据预设代替我们行动，成为主动行动者。

二、多媒体

（一）多媒体发展的历史

多媒体出现于20世纪80年代，当时流行的专业用语是"人机交互式视频"，主要表现为具有声像并茂、形象生动呈现优势的录像视频技术与具有交互功能的计算机技术正在相互渗透、趋于融合。

进入20世纪80年代以后，由于数字化技术在计算机领域的应用取得显著成效，使得电视、录像以及通信技术也都开始由模拟方式转向数字化。另外，计算机应用开始深入人们生活、工作的各个领域，也要求其人机接口不断改善，即由字符方式向图形方式、由文本处理向图像处理发展。

1984年，苹果公司研制的Macimosh计算机，引入了位图、窗口、图符等技术，并由此创建了意义深远的图形用户界面，同时通过与鼠标配合，使人机界面得到了极大改善。在1985年之后，微软公司推出了Windows操作系统（微软视窗操作系统）作为DOS（磁盘操作系统）系统的延伸，并且不断更新版本，使之成为后来被普遍采用的一种运行多媒体的工作平台。

1992年及以后的几年间，计算机、电视、微电子和通信等领域的专业人员进行了全方位的技术合作，解决了许多技术难题，使多媒体技术取得了举世瞩目的进展。计算机与视频设备之间的界限已经模糊，两个领域的媒体已被有机地融为一体了。

2000 年以后，人们希望进一步将计算机的人机交互性、电视的真实感和通信或广播的分布性结合起来，以便向社会提供全新的信息服务，这便是所谓的"3C（computer，consumer，communication）一体化"或"信息家电"。在这种新的形势下，"多媒体"一词则是指三个领域（计算机、通信和消费电子产品）在四个方面（媒体、设备、技术和业务）的有机结合。

（二）多媒体概念的界定

随着多媒体技术的发展和应用，人们对多媒体的理解分为广义和狭义两种。

通常，人们对多媒体技术领域的理解是广义的，即认为"多媒体"是指上述三个领域（计算机、通信和消费电子产品）在四个方面（媒体、设备、技术和业务）的有机结合。

在基于屏幕呈现的领域，人们对多媒体的理解是狭义的，仅限于计算机和电视两个领域（不包括通信），而且仅指在呈现媒体方面的有机结合（不考虑技术、设备和业务）。这就是说，多媒体是指计算机领域的媒体与电视领域的媒体的有机结合，并且具有人机交互功能。

请注意，本书后面讨论的"多媒体"主要是指狭义的多媒体。

在多媒体领域，可以采用如下几大类媒体形式传递信息和呈现知识内容：

"图"——静止的图，包括图形和静止图像；

"文"——文本，包括标题性文本和说明性文本；

"声"——声音，包括解说、背景音乐和音响效果；

"像"——运动的图，包括动画和运动图像。

以上媒体形式中，除声音外，均可具有色彩。

人机交互功能是多媒体的一个基本属性，具有人机交互功能的计算机类设备在这种结合中处于基础地位。但是，具有交互功能并不能狭隘地理解为只有 PC 机（个人计算机）才具有这种属性，因为信息表示的多样化和如何通过多种输入输出设备与计算机进行交互是多媒体人机交互技术的重要内容。

它是基于视线跟踪、语音识别、手势输入及感觉反馈等新的人机交互技术。未来，多媒体交互功能将注重在以下几个方面继续研究和发展：从二维到三维视感；更准确的语音、手势识别；高质量的触觉反馈；更方便的界面开发工具；增加多媒体在交互中的应用；用音、视频来识别用户，等等。

三、多媒体界面

（一）多媒体界面的界定

多媒体界面是以基于屏幕呈现的狭义多媒体为核心的多媒体应用系统（或作品）与受众直接接触的用户界面，其本质是人与计算机之间传递、交换信息的媒介和对话接口。

因此，多媒体界面是每个多媒体应用系统的根本基础，是人机交互执行的重要组成部分。一个优秀的多媒体应用系统首先应体现在系统与用户直接接触的多媒体界面上，界面设计得是否恰当、美观、适用，将直接影响用户对系统的最初印象以及多媒体应用系统的成败。

根据多媒体系统的实际应用情况，多媒体界面可分为教材类[多媒体课件、教学资源、网络课程、PPT（幻灯片）演示等]、商业类、娱乐类、电子通信类、出版类等。

（二）多媒体界面的功能

多媒体界面主要有两大功能：

1. 传递特定的信息（显示功能）

多媒体将文本、图形、声音、动画、视频和其他元素组合在一起，形成一个多媒体界面。界面内容丰富、画面精美，比单一的媒体呈现更加生动，可以提供更丰富的信息呈现方式。因此，随着多媒体和网络技术的普及，多媒体在教学过程中得到广泛应用，给教育教学带来了新的机遇。

但是，在多媒体课件中，只有对这些信息符号所组成的多媒体界面进行设计，才能有效地传递教学信息，那么，是不是越丰富的信息呈现就能取得越好的学习效果呢？近年来，人们越来越认识到，要提高多媒体教学的效果，就必须依据多媒体环境下学习者的认知规律来设计多媒体学习材料和界面。国外对多媒体领域的研究经历了传输媒体观、表征方式观和感觉通道观三个阶段，这三种观点的变化代表了多媒体教学研究的逐渐深入的发展过程，为设计多媒体界面的呈现方式提供了很好的借鉴。

2. 控制信息交流过程（交互功能）

在多媒体应用系统中，用户对信息的控制与交流（交互）是用户的重要需求，也是用户使用系统过程中的必要操作。因此，多媒体界面必须拥有用户可以根据自己的使用需要与系统进行交互的功能。

对于传统的媒体交互过程，以杂志为例，信息发布者甲在媒体上发布信息 A，乙通过媒体接收到信息 A，做出反馈 B，并通过媒体反馈给甲，这就是信息交互的过程。在整个过程中，传播和反馈的信息是定量的，而不是可变的；媒体的两侧是信息的传播者和接收者，媒体是连接两者的桥梁。这意味着通信者和接收者可以在不同的空间和时间完成交互过程。但传统媒体有一定的局限性，它不是实时沟通的，有时观众只能够收到信息，没有反馈渠道。严格来说，这不是交互，即使是，也不是实时的。这是传统媒体自身的局限性。

多媒体界面提供的人机交互可以分为两类：一类是交互形式，它与传统媒体，如网站、在线聊天、电子邮件、论坛等在本质上是一样的，是人与人的交互。另一类是人机双向交流，如网络购物、网络游戏、电子宠物和虚拟现实等。如果设计者甲开发了一个软件，将规则 A 传达给计算机和用户乙，那么当乙在计算机上执行动作 X 时，人机对话就开始了。得益于计算机的智能，它可以进行智能计算并对动作发送者的行为做出反应，而结果对于设计者和使用者都是未知的。在这个例子中，当乙对计算机进行操作时，计算机通过智能计算形成新的信息，并对乙发送的动作 X 做出响应 Y。乙接收到的不再是简单的 A，而是 A 和 X 的智能组合产生的变量 Y。乙收到 Y 后的反馈为 X'，是 A、X、Y 共同作用的结果；计算机对 X' 的反应是 Y'，这就形成一系列具有继承性的交互。当媒体和乙向设计者甲提供反馈时，甲分别从媒体和乙收到

反馈 B 与 C。当他将 B 和 C 的总结应用到新一代软件的开发中时，他就变成了甲'，而之后将出现媒体和乙'，形成新一轮的交互。这时，媒体不再是单纯的媒介，而是交互的主体。

目前，许多人错误地只把多媒体界面当作一种表现装置，这是对多媒体的错误理解。但没有有效的多媒体交互形式也是目前多媒体存在的一大问题，因为多通道与多媒体界面设计是联系在一起的。

无疑，多媒体界面有更大的互动功能潜力可以挖掘，我们可以大胆想象将来多媒体人机交互的样子，或许想象中的奇异景象有一天会随着科技的飞速发展而实现。事实上，人的智能是一个不稳定的变量，这个变量所产生的变量更加难以预测，但可以肯定的是，人机多媒体交互将成为未来生活中不可或缺的一部分，并逐渐扮演更重要的角色。

（三）多媒体界面的特点

1. 多媒体界面是基于屏幕显示的画面组合

在多媒体交互式环境中，最重要、最直接的输出设备是显示器，人们对输入信息的感知也是通过显示器完成的。在目前和未来的几年中，显示画面仍将是多媒体界面的主流，它制约着整个多媒体系统的效率。

2. 多媒体界面便于实现人机交互

（1）形式丰富多样的交互功能。

传统媒体只是简单地传递信息，多媒体则是在人机对话过程中产生新信息，人类的体验会比传统媒体更丰富、更直观、更有趣达到的效果是传统媒体无法企及的，也是前人无法想象的。正因如此，多媒体自出现以来，在短短半个世纪内得到迅猛发展，不仅威胁到传统媒体长期以来的霸主地位，而且被越来越多的人所接受。

（2）变换迅速、非线性的交互功能。

多媒体人机交互界面与传统媒体操作相比，最重要的变化就是界面不再是一个静态界面，而是一个与时间有关的时变媒体界面，因而交互时的变换极为迅速，具有同步的感受，且变换内容再也不须线性查找，而是非线性跳跃式提取。

从用户的角度来讲，在使用多媒体界面时，用户不仅可以方便控制呈现信息的内容，也方便控制何时呈现和如何呈现。

第二节　多媒体界面设计

一、多媒体画面语言与多媒体界面设计

如前所述，多媒体界面是基于屏幕显示的一系列多媒体画面的有机组合。如果把每一个多媒体画面中的画面基本元素视为一种特殊语言的"单词"，那么就可以把多媒体画面视为由这些"单词"按照画面"语法规则"组合而成的、可以表达多媒体信息的"一句话"，而每一个多媒体画面都是按照特定的目标和画面语言逻辑组合而成的，都是含有特定信息和交互功能的多媒体界面。这种特殊语言形式就是"多媒体画面语言"。

显然，多媒体画面语言是多媒体界面设计所遵循的一种语言规范。因此要想进行卓有成效的多媒体界面设计，设计者除了对该多媒体作品的设计目标有清晰的理解之外，还要按照多媒体画面语言的语法规则进行创意和设计。

二、从技术角度认识多媒体界面设计

从编辑的角度看，多媒体交互功能的引入是画面组接技术的质的飞跃。

众所周知，画面组接编辑的技术曾经历了由电影剪辑到电视编辑、由模拟特技到数字特技以及由线性编辑到非线性编辑三个阶段的转变，如今已经取得了很大的进步。但是，这些变换在设计思路上有质的局限性，即上述画面的拼装是一次性操作，拼装或编辑一旦完成，就不能再改变；这种拼装是由画面的制作者决定的，也可以说是"强迫"观众看到的。因此，它是一个

封闭的设计思路，观众对这种画面拼接没有选择权，事后也无法改变，只能被动地接受制作者的既定方案。即使制作者的水平很高，编导出来的作品的艺术效果很好，但这种组接方案也属于封闭式的设计思想。

引入交互功能后，画面组接的方式开始变得丰富起来，可以将一组画面选择性地连接到几组画面中的一组上，并且选择一组画面连接后，可以返回再次选择。这从根本上解决了上面提到的一次性拼接问题。不仅如此，一组对多组连接的选择可以通过菜单、热区等方式传递给学习者，学习者参与拼接方案的选择，且可以随时修改。因此可以说，画面组接的设计思路是开放的。

三、从艺术角度认识多媒体界面设计

从画面设计艺术的角度看，多媒体交互功能的引入使有限的屏幕画面得到了最大程度的利用。

交互式画面（interface）的设计借鉴了居室布置的指导思想。人们在有限的居室中生活、学习和活动，既要存放各种食物、衣物及学习用品等，又要留出较为宽敞的活动空间，为此不得不对居室空间进行规划：首先给房间分派用场，即分派卧室、书房、餐厅、厨房等；然后给各房间配置家具，即配置衣柜、书桌、壁橱、书柜、餐具柜等。如此安排之后，服装、书籍、餐具等生活用品和文具、书籍等学习用品就可以分门别类地存放在这些家具的抽屉里或搁架上。需要某种物品时，到该房间找到相关的家具，打开存放该物品的抽屉或从搁架上将其取出，用完后放回原处并关好抽屉。按照这种指导思想布置居室，不仅使各类物品存放得井井有条、取还方便，还可以给居室留出比较宽敞的活动空间，因而被人们普遍采用。

事实证明，将这种指导思想应用于交互式画面的设计，也能取得同样的效果。首先对画面进行分割，确定菜单区、工具区、提示区、工作区等各个区域，这类似于分配房间；然后根据需要给相关区域配置菜单条、工具条或其他热区，这类似于给房间配置家具。当我们点击菜单或工具图标时，出现下拉子菜单，选择其中的某个功能后，再将下拉子菜单"收回"，这就像打开抽屉取还物品一样，因而可以将其称为"抽屉式"菜单。这样的设计不仅能使有限的屏幕画面存放的文件信息条理化、调用方便，还给工作区留出了较宽裕的空间。

四、从教学角度认识多媒体界面设计

如前所述，从教学角度看，多媒体交互功能的引入有利于学习者参与教学活动。电视录像的教学活动是单向的，学习者只能被动地接受知识；由于多媒体教材具有交互功能，使学习过程变成双向交流活动，学习者参与到学习过程中，有利于激发学习兴趣和提高学习能力。计算机网络教育在计算机交互功能的基础上实现了双向教学活动，因而其目前逐渐取代了电视网络教育。换句话说，交互功能是第三代远程教育区别于第二代远程教育的一个重要特点。

值得注意的是，具有交互功能的多媒体教材不仅可以用于个性化学习，还可以用于传统的面授教学课堂，主要由教师控制其在课堂上进行演示，尤其是与启发式教学相结合时，可以产生很好的效果。

综上所述，可以对多媒体交互功能形成这样的认识：

在设计、开发多媒体教材的过程中，交互功能主要用于控制教学过程。运用交互功能的指导思想，从教学过程的需求出发，充分拓展交互功能的应用领域，将其用得恰到好处，用出新水平，从而将多媒体教材的优势充分体现出来。

五、从用户体验角度认识多媒体界面设计

从心理学来看，多媒体界面隐含两个层面，即感觉（视觉、触觉、听觉等）和情感两个层面，这就使得多媒体界面设计更依赖用户的体验。

就像微软创始人比尔·盖茨所说："人类自然形成的与自然界沟通的认知习惯和形式必定是人机交互的发展方向。"开发者们也正在努力让未来的计算机像人一样可以有听觉、有视觉、有语言、有感知。

（一）感觉层面体验

在多媒体界面，文本的字体、大小、位置、颜色、形状等直接影响信息

抽取的难度。了解用户的感官体验并很好地呈现视觉信息是设计友好界面的关键。人机交互界面的设计不是为了让用户记住复杂的操作顺序，而是要便于用户积累有关交互工作的经验。因此，在设计时应注意启发式策略的一致性，避免用户受特殊交互的影响。

（二）情感层面体验

用户自身的能力差异、性格差异和行为差异都会对多媒体界面的使用产生影响。不同类型的人对同一个界面的评价也有所不同。用户的技能直接影响他们从人机交互界面获取信息、在交互过程中对系统做出反应、使用启发式策略与系统和谐交互的能力。因此，设计者必须根据不同用户的特点和体验来设计交互式多媒体界面。

六、多媒体界面交互功能的深层次设计

随着信息化教学环境的日益普及，一方面，人们对多媒体教学资源的需求不断增加，从而为多媒体交互功能运用水平的提高和新型多媒体交互功能的开发创造了客观环境。另一方面，近几年来，我国已经形成了一批开发多媒体教材的人才队伍，他们在开发技术和设计技巧上已经积累了丰富的经验，其中也包括运用多媒体交互功能方面的经验，这就为多媒体交互功能的深层次设计提供了主观条件。

目前，多媒体交互功能的深层次设计主要体现在两个方面，即在技术上向智能化方向发展，而在教学应用上努力将交互功能融入教学内容及其呈现形式。

（一）技术层面的深层次设计

从字面上讲，所谓多媒体交互功能，是指人与计算机之间进行信息交换的功能。因为是"交流"，所以会出现以下两种情况，即机器主动而用户被动，或者用户主动而机器被动。目前，大部分多媒体教材中的交互功能属于前者，即教师根据教学安排，在软件中预先设定好教学内容、习题、各种可能的答案以及每次选择的目的地。学习者只能根据教学软件中的预设内容，按计算机的要求进行学习和练习，并根据所做的选择转移到预设的对象中去。这类

交互功能仍是由教师事先（通过编辑）安排好的，或者换句话说，学习者参与的是教师预先规定好的教学过程，即仍然属于"以教为主"的教学策略范畴。

从技术上讲，多媒体交互功能向着智能化发展，实际上是指从机器向用户主动进行转变。用户主动的主要特点是教学内容是根据用户的兴趣和水平提供的。用户在学习过程中可以主动提出问题，让计算机回答。此时，计算机回答的答案并不是在编程时预设的，而是从数据库中调用相关的数据，根据预设的规则（算法）实时生成的。

按照认知学习理论，教师应该将教学内容的呈现与学习者原有的认知结构和学习兴趣结合起来，使学习者得以按照自己的兴趣和基础，从画面呈现的内容中，主动地捕获和加工知识。智能化的交互功能正好可以成为这种自主学习模式的环境和工具。

因此，只有当多媒体交互功能发展到"用户主动"（智能化）时，才能真正适应以学为主的教学模式，使其在新的教学环境中发挥出更好的水平。

为了衡量多媒体交互功能的智能化水平，多媒体画面艺术理论采用了一个术语，用"智能度"表示学习者在操作多媒体课件时的主动程度：学习者越主动，智能度越高。

（二）应用层面的深层次设计

衡量多媒体交互功能在多媒体教材中的运用水平，主要看它与教材内容和呈现形式结合的程度。如前所述，多媒体交互功能是一种运用于教学内容的艺术。很明显，运用艺术的最高境界就是将两者合二为一，就像把糖放在水里，只能感觉到水是甜的，但是看不到任何糖粒。因此，在多媒体教材中体现交互功能的高级时，应该是只让用户感受到操作的便捷，而无法察觉到交互功能的存在。

为了衡量交互功能的应用水平，多媒体画面艺术理论还采用了一个术语，即"融入度"，来表示多媒体教材中交互功能的结合程度。越是只感觉到操作方便，而没有察觉交互功能的存在，融入度越高。

需要指出的是，与编辑功能不同，多媒体交互功能是靠手动操作使画面转移的,因此它在画面上必须有供鼠标点击的热区,如同供用户操作的"手柄"。能否将这些画面上的"手柄"融入教学内容的呈现形式,也是衡量融入度的一个标准。

第三节　多媒体人机交互的要素

一、多媒体交互中人的因素

"人机交互",顾名思义,研究的是人、计算机技术及两者相互影响的方式,人在交互式系统中是主体,是中心角色,任何人机交互系统都是由人设计、操纵的,人的因素很大程度上决定了人机交互的成败。因此,研究人机交互,必须先研究人的特性。

(一)人的行为模型

人机协作和交互已经广泛应用于各个领域,人机具有互补性,计算机在运算、信号处理、记忆等方面的能力远优于人,但人擅长对问题进行智能化的分析解决,如对环境的识别能力以及逻辑推理能力等优于计算机。在多媒体人机交互界面分析研究中,人作为人机交互系统的一方,起着重要的作用。因此,设计人员必须对人的认知和行为特征有基本的认识与度量,建立并分析人的行为模型,并以此为依据设计人机界面系统,这才能保证让人和计算机很好地协同工作。

建立人的行为模型是十分困难的工作,在不同的情况下,人的行为模型也会有所不同。根据人机系统中人完成具体任务的行为,分析人的行为的基本功能。将人看作一个信息处理器,通过感觉器官从计算机接收信息,然后通过大脑存储、处理和利用信息,最后通过反应器官的运动神经,对接收到的信息做出反应。在这个过程中,人的功能包括感知、辨识、分析推理、决策、反应和记忆等。

人的行为在层次上可分为三类:信号层的行为、知识层的行为、智能层的行为。

（1）信号层的行为：指人与外界交互的基本的信息获知和输出行为，包括人的基本感知行为，对原始信息的基本辨识、提取行为，通过各种渠道（如声音、动作）向外界输出信息的行为等，这类行为体现了人的基本感知和反应能力。

人主要通过五种感觉，即视觉、听觉、触觉、味觉和嗅觉来获取信息。其中，前三种感觉对人机交互尤为重要。同时，人通过反应器官，包括四肢、手指、眼睛、头部、发声系统来输出信息。在与计算机交互时，手指敲击键盘或点击鼠标是最常见的向计算机输出信息的方式。语音以及眼睛、头部的姿势偶尔也作为输出信息的方式。

（2）知识层的行为：指人通过记忆将获取的信息存储起来，再通过提取记忆的方式，根据以往的知识对新获取的信息做出决策和反馈，这就是知识的应用行为，这类行为体现了人所具备的知识。

（3）智能层的行为：指建立在知识基础上的体现人的智能的行为，包括推理、问题求解或获取技能等行为。

推理是运用所掌握的知识得出结论，或者推导感兴趣领域新事物的过程。推理方法包括演绎、归纳和反向演绎等。

问题求解是运用掌握的知识针对一个不熟悉的任务找出解决办法的过程。

获取技能是指在熟悉的情况下，重复完成任务，可以获取某个特定领域的技能。

前面我们讨论了人的行为一般性问题，在实际生活中，人的个体差异对人机交互的效果同样会产生影响，设计人员也要考虑到这些因素，如情感、所处环境、知识经验、受教育程度、年龄等。

（二）人机工程学

1. 人机工程学的定义

人机工程学是研究人—机—环境系统中人、机器和环境之间关系的学科，为解决系统中人的工作能力和健康有关的问题提供理论与方法，使技术人性化；其方法和手段涵盖了心理学、生理学、医学、人体测量学、美学和工程技术学等领域；其研究旨在提高活动特性的效率、安全、健康和舒适度。国际人类工效学联合会为其做出了权威、全面的定义，即人体工程学是研究特定工作环境下的人体解剖学、生理学和心理学等各种因素；研究人与机器和环境之间的相互作用；研究在不同情境下人们将工作效率、健康、安全、舒适相统一的一门学科。

2. 人机工程学的研究内容

人机工程学的研究内容包括人的特性的研究、机器特性的研究、环境特性的研究、人—机关系的研究、人—环境关系的研究、机—环境关系的研究、人—机—环境系统的研究。

3. 人机工程学的研究方法

人机工程学的研究方法包括观察法、实测法、实验法、模拟和模型实验法、计算机仿真法、分析法、调查研究法等。

4. 人机工程学在多媒体人机交互界面设计中的应用

人机工程学强调将人和机器作为相互联系的两个基本部分，二者共同构成一个整体，形成人机系统。人机工程学的最高目标是使人机系统相协调，以获得系统的最高效能。人机界面作为人与计算机的沟通通道，直接关系到人机交互系统的工作效率和准确性。它的设计不仅靠技术和艺术手段来解决，还需要运用人体工学原理，使设计合理化，更适合人的使用。

人与计算机之间的信息交换和控制活动发生在人机界面。人们通过视觉、听觉等感官，通过人机界面从计算机接收信息，经过大脑的处理和决策，然后做出反应，再通过人机界面反馈给计算机，实现人与计算机之间的信息传递。人机界面的设计直接关系到人机系统的合理性。人机界面的设计目标是提供一个友好、人性化的人机沟通通道，保证人与计算机之间信息传递的准确顺畅，提高人机系统的工作效率。人机界面的作用是人与计算机沟通的媒介，它通过显示器向人传递计算机的信息，再通过控制器向计算机发布信息指令。因此，人机界面的设计主要包括操作方式、布局及其整体风格设计等，其设计过程必然要考虑人体的固有技能和特点，应符合人的心理、生理特点，了解感觉器官功能的限度和能力以及使用时可能出现的疲劳等因素，以保证人与计算机之间的最佳协调。这些正是人机工程学的研究内容，所以人机工程学为多媒体人机界面的设计提供了重要的理论和方法指导。

（三）软件心理学

1.认知心理学与软件心理学

认知心理学，从广义上讲，就是一种关于认识的心理学。人主要通过感觉、知觉、注意、记忆、思维和想象来认识客观事物。因此，认知心理学包括任何研究人的认知的心理过程。本书所指的认知心理学，是指从单纯的信息处理视角来研究认知心理过程的心理学，即运用信息论和计算机类比、模拟、验证等方法来研究知识是怎样获取、存储、交换、使用的。人们一般把以信息处理为中心的心理学称为狭义的认知心理学。此领域的研究内容包括如何通过视觉、听觉等方式获取和理解对周围环境信息的感知，利用人脑来记忆、思考、推理、学习和解决问题等心理活动的认知过程，以及从心理学的角度研究人机交互的原理。

用实验心理学的技术和认知心理学的概念来改进软件生产，即将心理学和计算机系统相结合，由此产生了一个新的学科，叫作软件心理学。这已经成为人机界面设计的一个领域。

2.软件心理学的研究内容及其在多媒体人机交互界面设计中的应用

"软件心理学"这一术语是为描述人机交互而创造的，其研究内容主要涉及人与软件结构和系统相互作用的方式，以及不同结构和系统对人的行为产生的影响。

软件心理学与软件工程的有关方面（如程序语言的设计或用户接口管理系统）不同，因为前者强调在建立或使用软件系统时，人的行为的科学研究、建模和测量。软件心理学家试图摆脱不可逾越的商业或项目期限压力，形式地、不凭经验地推测"人们喜欢什么"或"什么容易使用"。更确切地说，他们利用严谨的行为研究方法，为其见解提供实验基础。

软件心理学不同于其他领域的心理学，它强调的行为建模和理论专门描述人与软件的相互作用，而不管它对描述其他类别行为的效用如何。软件心理学也不同于传统的人的因素或人机工程学，因为它不涉及像键盘布局这样的设备物理设计，或使用设备的物理环境安排。软件心理学侧重研究软件开发与使用中的认知因素。

软件心理学的主要研究内容是人与计算机之间的高效通信需要行为研究。随着计算机的普及，越来越多的人直接与计算机打交道，在某种程度上讲，每一个用户都是程序员，用户应该定制满足他们需要的计算机系统的行为。软件心理学从认知心理学的角度出发研究用户在使用计算机过程中的各种认知因素，指导设计师在多媒体人机交互界面设计中正确认识和把握各媒体要素的特性，遵循认知心理原则，运用各种视听媒体元素，构建用户能迅速沉浸的软件界面环境，从而解决界面设计所遇到的各种问题。

二、多媒体交互设备和技术

所谓多媒体交互设备，是指在人机交互系统中，人和计算机之间建立联系进行信息交互的各种输入/输出设备。这些输入/输出设备直接与人的运动器官（如手）或感觉器官（如眼、耳）相关，通过交互设备，人从计算机获得信息，同时把反馈的数据或命令传递给计算机。

目前，交互设备可以分为传统交互设备和新型交互设备。传统交互设备，如鼠标、键盘、显示器、打印机、扬声器等，已经得到普及，广泛应用于各个领域。新型交互设备则主要在虚拟现实中使用，它包括各类3D控制器、3D空间跟踪、语音识别、姿势识别、数据手套、数据服装、视线跟踪装置等。

交互方式还可以分为两类：一类是精确交互方式，是指能用一种交互技术完全说明人机交互目的的交互方式，系统能精确用户的输入，如鼠标、键盘、触摸屏幕、跟踪球、触摸垫、定位器和光笔等。另一类是非精确交互方式，是指用户利用不能精确输入的交互方式，如使用语音、姿势、头部追踪、凝视等方式输入。在精确交互中，WIMP（视窗系统）界面与某一交互通道结合后，即可完全表达用户的交互目的；而在非精确交互中，用户只有使用两种或两种以上属于不同通道的交互技术，才能完全表达交互目的。

（一）传统交互设备

1. 键盘

（1）键盘的布局。

键盘是当今使用最普遍的输入设备，它可以有不同的结构、外形及键码排列方式。目前，最常见的键盘布局是19世纪70年代由克里斯托夫·拉森·肖尔斯（Christopher Latham Sholes）设计的，并以字母键的顶行前6个字母QWERTY为通称。

QWERTY键盘上数字和字母的布局是固定的，非字母键的位置在不同的键盘上会有变化。但QWERTY的键盘按键布局方式不是最优的。例如，大部分打字员都是右撇子，但在使用QWERTY键盘时，却需要用左手完成近60%的工作；明明小指和无名指是力量最小的手指，使用频率却很高；键盘中列字母的使用率只占打字工作的30%左右。但随着各种键盘布局的流行，QWERTY键盘仍是应用最广泛的键盘布局方式。

DVORAK键盘（德沃拉克键盘）的布局与QWERTY键盘类似，但字母的分布有些不同，它偏向于使用右手的人，据统计，有56%的击键是用右手完成的。DVORAK键盘布局原则是：

①尽量左右手交替击打，避免单手连击。

②越排击键平均移动距离最小。

③将最常用的键放置于导键位置。

和弦键盘与通常的文字数字键盘有显著的区别。它只使用4~5个按键，通过同时按一个或几个按钮产生字母。这种键盘非常紧凑，使用的难度也大大增加。但它在某些特定领域相当实用，如速记员使用和弦键盘，并利用相应的速记法输入文字，其速度可以和讲话的速度一样快。

（2）键盘的键。

现代的电子键盘有些键，如空格键、回车键、Shift 键和清除键一般都比其他键稍大，使手指容易接触，以提高可靠性。其余一些键，如 Caps Lock键或 Num Lock 键有明显的标志以显示它们设置的状态，或者锁定时的位置较低，或者有状态指示灯等。键的不同颜色（一般为深色和浅色两种）有助于构成令人愉快的、醒目的布局。此外，一些中心键（QWERTY 键盘布局中的 F 键和 J 键）下凹稍深一些或有一小个的突起点，使用户便于确认手指的正确位置。键盘一般由字母键、数字键、专用符号键、光标控制键、修改键、功能键等组成。

（3）键盘的发展。

当今的键盘融入了高科技和人机工程学的设计，极大增强了用户的体验，让人用起来更舒服。目前，基于人机工程学比较完美的一款设计是将整个键盘从中间分成左右两个部分，使用者在使用时，手腕的角度会微微向下并向两侧倾斜，借由键盘的设计，引导使用者以触摸方式打字，形成最自然的打字姿势。从生理学的角度来看，使手腕和手臂的肌腱、神经与韧带的压力最小化，疲劳得到缓解。

在过去，键盘只是用来在电脑上进行简单操作的工具，而现在键盘被赋予更多的功能。所谓具有多媒体功能的键盘，就是用户可以通过键盘直接控制电脑。与传统的键盘相比，多媒体的键盘多了多媒体功能的键，这类键盘以微软的多功能键盘为代表。使用这类键盘时，只要切换键盘上的一个按键，几个特定的键便接受其指挥，如按下 Internet 的快速键就可以直接连上网络，不需要用鼠标点选。同样地，也有特定按键可以控制 CDROM（光盘），上网键、收发 E-mail（邮件）键、声音调节键等也一应俱全。同时，无线键盘的出现使用户摆脱了键盘线的限制和束缚。无线技术主要采用蓝牙、红外线等。防水键盘和具有夜光功能的键盘等其他键盘也应运而生。

作为重要的输入工具，键盘向多媒体、多功能和人体工程学方向不断研发，凭借新奇、实用、舒适，不断巩固着主流输入设备的地位。

2. 指点输入设备

现代计算机系统最为突出的就是通过指点设备在屏幕上的某个对象，然后对其进行相应的操作，如定位、选取、拖放等。许多指点设备还可以用来画图。用户比较容易接受这种直接操纵方式，可以不用学习各种命令，减少出错率，工作时可以将注意力完全集中于显示画面上。指点设备可以帮使用者提高工作效率、减少出错率、学习更容易，因而取得很高的用户满意度。

指点设备可以分为两类：

①在屏幕表面直接控制的，如光笔、触摸屏、触针等。

②脱离屏幕表面间接控制的，如鼠标、轨迹球鼠标、操纵杆、绘图板、触摸板等。每一类都有各种不同的设备，并且不断涌现出更新的设备。下面介绍几种常见的指点输入设备。

（1）鼠标。

鼠标是应用最为广泛的一种指点输入设备，已经成为大多数计算机系统的主要部件。鼠标以平面的方式进行操作，在桌面上到处移动，是一种间接输入设备。

鼠标通常有以下几种操作方式：

①定位：通过移动鼠标，将光标指向某个对象或区域。

②单击：用鼠标指向某个对象，并迅速将按键按下、松开。单击一般用于完成选中某个选项、命令或图标。

③释放：释放按下的按钮。

④拖动：按下鼠标按键的同时移动鼠标，到目标位置再释放按键。拖动一般用于完成移动目标、改变窗口大小、复制文件等。

⑤双击：重复按下鼠标按键两次，并保持鼠标位置不动，一般用来打开文件或程序等。

（2）触摸板。

触摸板是一块对触摸很敏感的四方板，边长通常为 50~80 毫米。触摸板安装在键盘附近，用户通过手指头在其表面抚摸和轻振来完成光标的移动与定位。触摸板没有活动的部件，外形轻薄，最早应用于苹果公司的 Power book 便携式计算机，现在已经广泛应用于笔记本电脑，也有桌面电脑采用触摸板来代替鼠标。

（3）轨迹球鼠标。

轨迹球鼠标实际上是一个倒置的鼠标，其原理和机械鼠标相同，构造也相似。区别是轨迹球鼠标的受力球面朝上，并且可以在固定的球座里滚动。工作时，直接用手拨动轨迹球即可实现光标的移动。它是一种间接指点设备，轨迹球鼠标的精确度很高，因为它通常比鼠标中的小球大一些，可以获得较高的分辨率。但是轨迹球鼠标很难应用于画图，因为它难以移动较长的距离。轨迹球多用于便携式计算机以及一些电子游戏中。

（4）操纵杆。

操作杆是一种间接输入设备，最早应用于飞机的控制设备。操纵杆由一个巴掌大的小盒子组成，上面有一个带着把手的杆，杆的运动使得屏幕上的光标做相应的移动。操纵杆在跟踪应用中表现出特有的优势，原因在于使用操纵杆可以使光标移动相对较小的位移，并且容易改变方向。

（5）绘图板。

绘图板又叫绘画板、数位板、手绘板等，是一种专业的输入设备，是美工或者美术爱好者作图用的。绘图板是一种间接输入设备，它从屏幕上分离出来，可以平放于桌面或者用户双腿上，对碰触特别敏感。绘图板与屏幕的分离可以使用户选择手感舒适的位置，手指也可以脱离屏幕。绘图板由绘图压感板和电磁笔组成，它们都采用了电磁感应技术，精细程度高、定位准。绘图板的压力感应在 512 级到 1024 级之间，不同的压力能模拟出画笔的不同笔触，力量大了线条就粗，力量小了线条就细。绘图板是一种比较专业的设备，通常是专业的动漫人员或学习者进行徒手绘画的工具。利用绘图板可以进行漫画、书法、动画等作品的创作。

（6）光笔。

光笔是一种较早应用于绘图系统的直接输入设备。用户可以用它直接指向屏幕上的一个点，完成选择、定位或其他任务。光笔允许用户接触屏幕上的点实现直接控制，与鼠标、绘图板或者操纵杆所提供的间接控制是不同的。多数光笔都有一个按钮，当光标定位于用户期望的屏幕位置时，用户可以按动按钮完成选择。光笔种类繁多，它们的厚度、长度、宽度、形状各不相同，有的按钮位置也不相同。光笔存在一些缺点：长期使用容易引起手臂疲劳，用户的手掌会遮挡部分屏幕，跟踪或拖动光标的速度不快。目前，光笔一般应用于手写板、PDA。

（7）触摸屏。

触摸屏的出现克服了光笔的一些缺点。触摸屏不需要用户手持任何辅助装备，用户可以直接用手指头在屏幕上指点和选择对象。这种类型的输入设备直接在屏幕表面安装一个透明的二维光敏器件阵列，当用户用手指直接触摸屏幕时，通过光束被遮挡的情况检测手指的位置。一般来说，触摸屏可分为五种基本类型：电阻式触摸屏、电容式触摸屏、表面声波触摸屏、红外线扫描式触摸屏、矢量压力传感器触摸屏。

触摸屏简单易用、不易损坏、反应速度快、节省空间。触摸屏的应用极大地简化了计算机的输入模式，使用者仅仅用手指触摸屏幕，即可输入信息、查询资料、分析数据等，比鼠标更直接，比键盘输入更简单快捷。屏幕既可以做输出设备，也可以做输入设备，不存在其他硬件的耗损问题。因此，触摸屏适合在恶劣的环境中使用。如今触摸屏已经成为各种移动设备的标准操作方式，并且已经成功应用在面向大众的信息系统界面，机场、车站、银行、图书馆、医院、影院等场所都会出现它的身影。

3. 扫描仪

（1）扫描仪的类型。

扫描仪是一种计算机外部仪器设备，它捕获图像并将之转换成计算机可以显示、编辑、存储和输出的数字化格式。扫描仪已经成为计算机不可缺少的图文输入工具之一，被广泛应用于印刷行业、桌面出版业、电子出版行业、文件储存和检索等领域。

扫描仪可分为四大类型：平面扫描仪、滚筒式扫描仪、笔式扫描仪和便携式扫描仪。

平面扫描仪获取图像的方法是，先将光线照射到被扫描的材料上，待光线反射回来后，被 CCD（感光耦合器件）接收并进行光电转换。在扫描照片、印刷文字等不透明材料时，由于材料的暗区反射光少，亮区反射光多，CCD 器件可以检测图像反射的不同强度的光，并通过 CCD 将反射回来的光波转换为数字信息，数字信息由 1 和 0 组合表示。最后控制扫描仪操作的扫描仪软件读取此数据并将其重新组合成计算机图像文件。在扫描菲林软片或照相底片等透明材料时，扫描的原理是一样的，不同的是这种情况并不是利用光的反射，而是让光穿过材料，然后被 CCD 接收。扫描透明的材料需要特殊的光源补偿装置——TMA（透射适配器）来完成这个功能。

滚筒式扫描仪一般使用光电倍增管 PMT（photo multiplier tube），因此它的密度范围较大，而且能够分辨出图像更细微的层次变化。滚筒式扫描仪在扫描过程中保持扫描光源静止不动，通过卷动待扫描材料来完成扫描。

笔式扫描仪出现于 2000 年左右，因其外形像一支笔而得名。使用时，将笔式扫描仪贴在纸上逐行进行扫描，主要用于文字识别、条形码的输入识别等。

便携式扫描仪是使用 CIS（光学传感器）的扫描仪。由于采用的是一系列内置的 LED（发光二极管）照明，直接接触在原稿表面读取图像数据，因此使用 CIS 技术的扫描仪没有附加光学部件，移动部分又轻又小，整个扫描仪可以做得非常轻薄。便携式扫描仪不管是在扫描速度还是在易操性方面，都要比一般的平面扫描仪强很多。

（2）性能指标

分辨率是扫描仪最重要的技术指标，决定了扫描仪在图像细节方面的性能，即扫描仪记录图像的精细度，其默认单位为 DPI（dots per inch），通常以每英寸长度中扫描图像中包含的像素数表示。目前，大多数扫描仪的分辨率在 300~2400dPi。DPI 数值越大，扫描仪的分辨率越高，扫描图像的品质也越好，但这是有限度的。当分辨率大于一定值时，只会增加图像文件的体积和处理难度，并不能显著提高图像质量。

灰度表示图像中亮度级别的范围。级数越多,扫描图像的亮度范围就越大,层次也就越丰富。目前,大多数扫描仪的灰度为256级。实际上,256级灰度显示的灰度层次比人们肉眼看到的还要多。

色彩数表示彩色扫描仪可以产生的颜色范围。一般用每个像素中颜色数据的位数来表示,即比特(bit)。例如,所谓真彩色图像,是指每个像素由三个8位颜色的通道组成,用24位二进制数表示红绿蓝通道组合,可以产生16.67兆种颜色组合。色彩数越多,扫描出来的图像就越鲜艳、越真实。

扫描速度是扫描仪的另一个重要指标,这个指标关系着扫描仪的工作效率。扫描速度的表达方式有很多种,因为扫描速度与分辨率、内存容量、磁盘存取速度、显示时间和图像大小有关,通常用在指定的图像分辨率和尺寸下的扫描时间来表示。

扫描幅面表示扫描图稿尺寸的大小,常见的有 A4、A3、A0 幅面等。

4. 打印机

打印机是计算机的输出设备之一,它与扫描仪的工作相反,可以将计算机的处理结果按照规定的格式打印在相关介质上。

打印机的种类繁多,按打印元件对纸是否有击打动作,主要分为击打式打印机与非击打式打印机。其中,击打式打印机以点阵针式打印机为主,非击打式打印机则有激光打印机、喷墨打印机等。

(1)点阵针式打印机的工作原理和应用。

点阵针式打印机用若干根钢针击打色带到纸张上,形成由点阵组成的字符和图形。点阵针式打印机的优点是体积小、重量轻、结构简单、成本低、维修方便、可靠性好,因而长期流行。但极低的打印质量和较高的运行噪音使其无法适应高质量、快速的商业印刷需求,所以现在只能在银行、超市等打印票据的地方见到这种打印机。

(2)喷墨打印机的工作原理和应用。

喷墨打印机的基本工作原理是先产生小墨滴,然后用喷墨头以每秒近万次的频率将小墨滴喷射到纸张上。墨滴越小，打印的图像越清晰。喷墨打印机以其打印效果好、成本低等优势，占据了较大的中低价位市场。此外，喷墨打印机不仅具有更灵活的纸张处理能力，在打印介质的选择上也有一定的优势。它不仅可以打印信封、书写纸等普通介质，还可以打印各种胶卷、相纸、CD（小型激光盘）封面、卷筒纸等特殊介质。

（3）激光打印机的工作原理和应用。

激光打印机结合了激光技术与复印技术，是近年来科技发展的新产品，包括黑白打印和彩色打印模式。它为用户提供高质量、快速、成本低的打印方式。当激光打印机开始工作时，感光鼓通过电晕丝转动，使整个感光鼓带电。之后使用光栅图像处理器产生待打印页面的位图，并将其转换为电信号，通过一系列脉冲将其发送到激光发射器。通过控制这一系列脉冲，激光有规律地发射打印信息，决定激光器的启动和停止。当激光发射时，激光打印机中的六面体反射镜开始旋转，产生反射激光束，反射镜的旋转与激光的发射同时发生。同时，反射光束使感光鼓感光，被激光照射的点失去电荷，从而在感光鼓上形成磁化图像。当纸张在感光鼓上移动时，鼓中的染料会转移到纸张上，从而在页面形成图像。最后，当纸张通过一对加热辊时，染料被加热熔化，附着在纸张上，整个印刷过程就完成了。虽然激光打印机的价格比喷墨打印机贵很多，但就打印一页的成本而言，激光打印机便宜很多，因而它逐渐取代了喷墨打印机。

（4）性能指标。

打印速度是指打印机每分钟可以打印的页数。最大打印速度为设备横向打印 A4 纸时的实际速度。一般来说，英文打印速度比中文快，A4 打印速度比 A3 快，横排打印速度比竖排快，单面打印速度比双面快。

一台打印机的分辨率即每英寸的打印点数，包括垂直和水平两个方向，它决定了打印效果的清晰程度。点阵针式打印机的分辨率一般为 180dpi，由于点阵针式打印机的垂直分辨率是固定的，所以这个值通常是指水平分辨率。激光打印机的分辨率在垂直和水平方向上都有指标，如果打印机的分辨率是

1200dpi×1200dpi，这意味着两个方向的分辨率都是1200dpi。

打印机的另一个重要性能指标是纸张处理能力。网络打印是目前办公行业广泛采用的一种打印方式，可以提高办公效率并节省系统资源。但网络打印任务是比较繁重的，因此对打印机的纸张处理能力有比较高的要求。进纸盘的数量和存纸总量不仅可以直接反映设备的网络打印能力或日处理能力，还可以间接表明设备打印的自动化程度。常见的工作组级网络激光打印机有多个纸盒，存纸容量在10000张以上，可以容纳一定数量的标准信封，有些还带有输入源（如100页多用途纸盘和500页标准纸盘），用户无须切换纸盘即可在多种纸张尺寸上打印。此外，不同的走纸路径还允许用户在不同尺寸和厚度的纸张上进行打印，极大地方便了不同用户在各种纸张尺寸和厚度的网络打印中的打印。

5. 显示器

显示器是计算机系统重要的输出设备，是人机交互的重要工具。它的主要功能是将主机发出的信息经过一定的处理，再通过特定的传输设备显示到屏幕上并反射到人眼。显示器按显示器件来划分，可以分为阴极射线管显示器（CRT）、液晶显示器（LCD/LED/OLED）和等离子显示器（PDP）等。

CRT是一种使用阴极射线管的显示器，其工作方式与标准的电视机屏幕相似。从电子枪中发出一束电子，然后被磁场聚焦和定向，当这束电子流击中涂有荧光粉层的屏幕时，荧光粉就被电子激发并发光。CRT虽然工作电压高、体积大、沉重、容易碎，但优点也比较多，包括视角广、无坏点、色彩还原度高、色度均匀、多分辨率模式可调、响应时间短等。CRT相比LCD在价格上便宜得多，因此CRT仍有比较稳固的市场。

液晶显示器的外形就像一块玻璃，这块玻璃由前后两片玻璃封装而成，在两片玻璃之间填充液晶。它利用液晶晶格在电场的作用下发生的方向变化来显示信息。这种显示器优点是体积小、重量轻、耗电少，缺点是色彩不够鲜艳。LED与LCD主要的区别就是背光源不同，是将LCD的冷阴极荧光灯管发光源更换为发光二极管而造成的。相比之下，LED背光可以实现局部调光，能够带来更好的对比度以及亮度；LED 消耗电量更低；在色彩纯度方面，LED 也优于 LCD。近年来，OLED 逐渐流行，与 LED 的被动发光有所不同，OLED 是利用自发光有机电激发光二极管主动发光，不需要背光源。与 LED 相比，OLED 拥有更广的色域，色彩更为丰富且鲜艳，还有对比度更高、反应速度更快等优势。

等离子显示器是新一代显示设备，利用了迅速发展的等离子平面屏障技术。等离子显示技术的成像原理是，在屏幕上放置成千上万个封闭的低压小气室，受电流激发发出肉眼看不见的紫外光，然后紫外光撞击背面玻璃上的红色、绿色和蓝色的彩色荧光体发出肉眼可视的可见光，形成图像。等离子显示器具有超薄、高分辨率、低辐射和占用空间小等特点，是未来计算机显示器的发展趋势。

（二）三维输入设备

三维空间控制器的主要特征是它有六个自由度。所谓六个自由度，是指沿着三维空间的 x、y、z 轴移动以及分别绕 x、y、z 轴旋转，对应三维空间对象的宽高和深度，还有俯仰角、旋转角、偏转角。常用的桌面图形界面交互设备，如鼠标、触摸平板、摇杆、触摸屏幕等，只包含两个自由度，即只能沿平面内的 x 轴和 y 轴移动。这样的交互过程是不自然的，因此三维人机交互技术应运而生。常见的三维设备包括轨迹跟踪球、3D 探针、3D 鼠标、3D 操纵杆和数据手套等。目前，这些设备主要用于虚拟现实系统。虚拟现实系统可以让用户在三维空间与计算机交互。在某些情况下，这些交互可以使用传统的交互设备来实现，但在大多数情况下，需要使用特殊的三维交互设备来控制三维对象，以实现相互作用。下面简单介绍几种常见的三维输入设备：

1. 数据手套

数据手套是在虚拟现实系统中最常用的 3D 输入设备。数据手套配备柔性传感器，柔性传感器由柔性电路板、力敏元件和弹性包装材料组成，通过导线与信号处理电路相连；柔性电路板的大部分被力敏材料包裹着，力敏材料又覆盖着一层弹性封装材料，并设置两根导线，可以检测手指运动时的关节角度，准确实时地将人手的位置和动作传递到虚拟环境，并把与虚拟对象的联系信息反馈给使用者的数据手套。数据手套的主要优点是可以测量手指的位置和运动，使用方便，但相对较高的成本导致它无法被广泛使用。

2. 三维鼠标

三维鼠标在虚拟现实应用中是一款重要的交互设备，用于模拟具有六个自由度的虚拟现实交互。它可以从不同的角度和方向查看、浏览、操作三维物体，并与数据手套或立体眼镜一起用作跟踪定位器。使用者不仅可以在桌面上平移三维鼠标，还可以在三个维度上前后移动、旋转或倾斜，实现在虚拟现实场景中的漫游和对模拟物体的操控。

3. 虚拟现实头盔

虚拟现实头盔是最早出现的虚拟现实显示器，它用于暂时遮挡周围人的视觉和听觉，引导用户体验身处虚拟环境的感觉。它的显示原理是左右眼的图像分别显示在左右眼的屏幕上，人眼接收到这种有差异的信息后，在大脑中会产生立体感。同时，虚拟现实头盔可用于跟踪用户头部的位置，从而确定在虚拟现实场景中的运动方向。

（三）自然交互技术

人与计算机的自然交互是新一代的人机交互方式，这种交互方式的目标是解除人的环境与计算机系统之间的界限，使人机交互像人与人交互一样自然、准确、快速。在由计算机系统提供的虚拟空间中，人们可以通过眼睛、耳朵、皮肤等感官以及通过手势和语言直接与其进行交互。

传统的人机交互技术要求用户适应计算机，用户与计算机的交互主要通过手的操作来实现。但人机自然交互，可以通过听觉与视觉，以语言、表情，甚至手势和体势与计算机进行交互。人机自然交互与前几代的人机交互有着根本的区别。这是一场人机交互的革命，是摆脱人工控制，赋予机器智能并通过听觉和视觉实现的新一代交互方式。目前，人机自然交互技术主要采用语音、手势、面部表情识别以及眼动追踪等技术。

1. 语音识别技术

语音识别主要以语音为研究对象，是语音信号处理中的一个重要研究方向，也是模式识别的一个分支。它涵盖了计算机科学、心理学、生理学、语言学和信号处理等多个领域，甚至包括人体语言（如说话时人的表情、手势等有助于对方理解的行为），其最终目的是实现人与机器之间的自然语言交流。

语音识别按任务的不同可分为四个方向：说话人物识别、关键词识别、语音识别和语音辨识。说话人物识别技术是根据说话人的声音来区分说话人，从而进行身份识别和认证的技术。关键词识别技术在一些有特殊要求的情况下使用，只关注包含某些指定词的句子，如在特殊姓名和地名的电话监听中使用。语音识别技术通常被理解为一种以语音内容为识别对象的技术。目前，语音识别技术的算法主要有DTW（dynamic time warping）算法、基于非参数模型的矢量量化（VQ）方法、基于参数模型的隐马尔可夫模型（HMM）方法以及人工神经网络（ANN）和支持向量机等语音识别方法。语音辨识技术是对一段语音进行分析处理，以确定语音所属的语言类别的技术，本质上也属于语音识别技术。

2. 手势识别技术

手势是一种自然、直观、便捷的人机交互方式。该系统只需要跟踪用户手的位置和手指的角度，就可以根据接收到的手势给出指令。手势研究包括手势合成和手势识别。手势识别技术分为基于数据手套和基于计算机视觉两类。与数据手套相比，基于计算机视觉的手势识别则是一种更自然的交互方法。它在由摄像机连续拍下手部的运动图像后，先采用轮廓提取的办法识别出手上的每一根手指，进而再用边界特征的识别方法区分出一个较小的、集中的手势。手势识别技术的最大优点是不干扰用户，用户可以不必使用键盘、鼠标等设备就可以与虚拟世界进行交互，从而将用户的注意力主要集中于虚拟世界，降低对输入设备本身的关注度。目前，手势识别技术主要应用于与虚拟环境的交互、手语识别、多通道多媒体用户界面等方面。

3. 面部表情识别技术

表情是人类表达情感的基本方式，是非语言交流的有效手段。人们通过面部表情的改变，可以准确细腻地表达自己的思想感情，也可以通过面部表情分析对方的表象态度和内心思想。面部表情识别研究如何自动、可靠和有效地使用面部表情所传达的信息。根据表情识别的过程，表情识别可以分为三个阶段，包括人脸图像获取和预处理、表情特征提取、表情分类。这意味着为了检测表情，首先需要检测并找到人脸的位置，然后从面部图像或图像序列中提取可以表征面部表情的性质的信息，最后分析这些表达特征间的关系，将面部表情归类到对应的表情类别，以完成面部表情识别。

但在实际操作中，表情之间会相互渗透、融合，有时无法将它们明确划分为不同类型的表情。因此，面部识别系统根据不同表情时眉毛、眼睛、嘴巴等面部器官的变化，采用二叉树分类器进行识别。在到达树的某个叶结点后，系统还需要判断它是否具备该表情的其他特征，如果不具备，则识别失败。只有具备全部特征，才能认为是该种表情。

以目前的技术能力来看，单纯的人脸表情识别技术已经不能满足实际应用的需要。目前，市面上的人脸识别应用产品大多采用复合方式来实现，如将密码、IC 卡（智能卡）或指纹识别等技术与人脸识别技术结合使用。

4. 视线跟踪技术

视线反映人的注意方向，视线所指通常反映用户感兴趣的对象、目的和需求，具有输入输出双向性的特点。视线检测使抽取对人机交互有用的信息成为可能，从而实现自然的、直觉的和有效的交互，因此，对视线跟踪技术及其在人机交互中的应用的研究具有特殊的价值。

眼动仪（视线跟踪器）是用于测量眼球运动的设备。一般来说，有两种眼动追踪方法：第一种方法测量眼球相对于头部的运动，第二种方法测量眼球在空间中的焦点位置。人机交互系统主要关注的是交互场景中用户所关注的对象，通常使用第二种测量方法。应用最广泛的测量方法是基于瞳孔—角膜反射矢量的视线跟踪法。

眼动追踪技术早期主要用于心理学研究，如阅读研究，以及帮助视力残疾人，后来应用于图像压缩领域和人机交互技术。由于几乎所有形式的人机交互都与视觉干预有着千丝万缕的联系，如果系统能够"自动"将光标放在用户注视的对象上或者直接触发必要的动作，理论上比使用鼠标等间接指向设备、触摸屏等直接指向设备都更为直接。但眼动追踪技术仍处于起步阶段，目前对于人机交互来说还不具备实际效用。

人机自然交互的多通道化是未来研究的一个方向，与语音输入、手势输入、人脸表情识别等一样，面对面的交流也存在不准确的情况。通过与其他渠道相结合，眼动追踪在人机交互方面具有广阔的前景。眼球追踪设备的使用使计算机、机器人、虚拟人以及新型汽车的智能化成为可能，使它们能够理解人的意图、了解人的状态并自动对人做出反应。

三、多媒体人机交互的设计层次

在多媒体界面设计中，特别是进行多媒体人机交互设计，在开始真正的创作设计之前，必须了解人机交互的两大主体：人和计算机。

了解计算机：包括其局限性、能力、开发工具及平台等。

了解人：包括人的心理、人的思考、人的行为及社会的反应等。

在设计开始前，对人机交互设计的思考模式和步骤做一下简单介绍：

首先，要建立起确切的需求。通常是与人会面，进行沟通。明确人有什么与想要什么。在这一环节中，设计者需要根据需求初步确定人机交互的结构。

其次，进行分析。对于上步探讨的结果用特定方式进行整理，找出重点。同时初步确定人机交互的形式。

再次，设计。根据重点进行实体设计，确定如何将所想变成现实。确定人机交互的结构、形式及艺术表现方式。

最后，实现和推广应用。根据设计，开发实体平台并进行用户使用推广。

（一）人机交互结构设计

结构设计，也称概念设计，是界面设计的骨架。设计者通过用户研究和任务分析，制定出人机交互的整体架构。

如今的多媒体人机交互提倡"以用户为中心"，提倡适用于用户的体验需求。因此，在结构设计上应该充分考虑用户的感受。

1. 有交互功能指导

设计者在设计人机交互结构时，要为用户提供帮助，让用户清楚复杂任务的发展进程，想办法让用户明确整个交互的思路和方式。例如，有的人机交互系统设有专门的交互功能指导，它以动画的形式将系统的使用方法形象地介绍给所有用户，这种指导功能在银行等金融行业常见。

2. 有明显操作提示

界面上要清楚地表现系统能做什么事情以及如何完成，应该使用户清楚地看到所有操作在系统上的结果。

3. 有交互结果反馈

设计者可以应用技术为用户提供更多的任务信息并且更好地反馈信息。用户进行每一步交互，界面都会做出人性化的反馈，让用户明确自己现在处于哪一个阶段，接下来又将面临哪一个阶段，等等。例如，常见的网上报名系统，用户在注册后进入系统，通过人机交互完成报名，在这一过程中，系统应为用户的每一步操作做好指示。

4. 交互结构简单化

设计者可以简化任务结构，这样做不是减少用户操作，而是把复杂的结构尽量简单化，便于一般用户（尤其是那些不经常使用计算机的用户）使用。

5. 有交互恢复机制

用户是会犯错的，因此在设计交互结构时要充分考虑到这一点，应预见用户可能犯的错误，从而设计系统的恢复机制。要尽可能地在合理位置设置"返回"按钮，确保用户在任何位置都能返回其想要回到的位置。

（二）人机交互形式设计

交互设计的目的是让用户能够轻松、方便地使用产品。每个产品功能的实现都是通过人机交互完成的。因此，应将人的因素作为设计的核心。

所有的设计都始于了解预想的用户。设计者需要了解用户的年龄、性别、文化程度、动机和个性等。由于使用同一系统的往往是一个或几个不同的群体，所以设计的形式应该经过缜密的考虑。

让界面在瞬间明白易懂，让用户不用思考便可清楚自己的操作，达到此目的的一个好办法就是确保界面上所有内容的外观——所有的可视线索——都非常清楚，而且能准确地表述页面上内容之间的关系，哪些内容相关，哪些内容是其他内容的组成部分。

为了更好地了解用户对交互的要求，在这里引用一个问卷调查，对部分常与计算机界面打交道的用户进行调查，调查采取网上发放填写问卷的方式。在本次调研中，一共发放问卷 40 份，收回 38 份。其中，测试人员年龄在 18~30 岁之间；50% 为本科学历，50% 为本科以上学历；67% 为普通使用者，20% 为界面设计人员。通过问卷调查得出了用户对产品几个方面的要求情况。

43% 的用户更加注重产品的交互操作方式，在样本中占比最多，这表明了用户在考虑产品的时候，交互形式已经排到了第一位。

用户对于交互形式的重视，使得所有设计者在制作时更应遵循以下规则：

（1）明确的人性化提示。

让用户能够清楚地控制界面，以明确要达到自己的目标应该与系统做何种交互。系统应给予明确的人性化提示，如"上一步""提交"等，在不同层级提示，为用户提供明确的方向。

（2）明确的快捷键。

为快速执行常用的、熟悉的操作，应为用户设置快捷键，如特定键组合和缩写等，同时允许兼用鼠标和键盘。

（3）明确的导航功能。

设计明确的导航功能，以便用户能从一个导航清晰地转到另一个导航。

（4）快速的信息反馈。

对于大量操作，在一定程度上可为每个用户的操作提供快速的信息反馈，给用户以心理上的暗示或提示。

（5）撤销错误的功能。

让行为容易撤销。当用户行为出现错误的时候，系统提供有针对性的提示，同时为用户提供清晰而有用的指导进行恢复，帮助用户快速撤销错误行为。

（6）任务终止的提示。

设计产生终止的提示，让用户知道什么时候已经完成了任务。

（7）退出程序形式。

为方便用户退出程序，应为用户提供两种退出方式：一是按一个键完全退出，二是一层层地退出。

（三）人机交互艺术设计

在结构设计和交互形式确定的基础上，参照目标用户的心理模型和任务达成进行艺术设计，包括色彩、字体、页面等。艺术设计要达到使用户愉悦的目的。

在人机交互艺术设计过程中，要注意：

1. 界面色彩

整体界面不超过 5 个色系。近似的颜色表示近似的意思。在显示重要的信息时，不应该用蓝色。如果将颜色作为指示，不应该是唯一的提示，应该还有其他代码提示。红、绿和黄是经常用来表示停止、进行和暂停的三种颜色。如果没有非常好的理由，不应该违反这些习惯用法。但是应该记住，颜色的习惯用法是由文化决定的。中西方文化存在着明显的差异，因此在使用颜色时要充分考虑用户的习惯。例如，在大部分西方文化中，红色表示危险和警告；在中国，红色却是幸福和好运的象征。

2. 界面布局

界面设计清晰明了。确保用户在使用过程中无须多加思考，便可以进行操作。图片、文字的布局不要让用户去猜疑。

3. 操作习惯

尊重用户的认知和以往的使用经验，如打开、撤销、恢复等命令要用惯用图标。因此，必须了解各类用户的习惯、技能、知识和经验，以便预测不同用户对网站内容和界面的不同需求及感受体验，为网站最终的开发设计提供依据和参考。

4. 机器辅助

充分利用计算机的优势，帮助用户减轻负担。例如，用户名、密码、以往的使用经验，如撤销、图片、文字的布局不要用关键词等进入地址，可以让机器辅助记住。

5. 视觉提示

用明确的图形或符号刺激用户的视觉，帮助用户进行每一步操作。

四、多媒体作品中交互的形式与标准

（一）命令语言交互

命令语言交互是最早使用的人机交互对话形式，也是至今仍广泛使用、十分重要的人机交互界面。命令语言，起源于操作系统命令，特点是直接针对设备或信息。命令语言使用一定范围的单词来表示命令语言的操作和对象。一般用动词表示能体现系统功能（子功能）的操作，而用名词表示操作的对象，操作类单词如显示、删除、保存等，对象类单词如文件、设备、目录等。在交互过程中，用户发起并控制对话，根据命令语言的句法输入系统命令，之后系统解释命令语言，执行命令语言指定的功能并显示当前结果。如果结果正确，发出第二个指令；如果不正确，再选择另一种方式。命令既简短又短暂。在一些系统中，命令语言是与系统交流的唯一方式。命令语言交互的主要设备是键盘，用户必须精确地输入系统可接受的命令，因此用户需要记忆许多命令和功能键。

1. 命令语言交互的优点

（1）灵活性好、效率高。

可以通过它们直接访问系统的功能，因此比较迅速。它们也十分灵活，一条命令经常有许多选项或参数，以实现许多其他的功能。

（2）占用屏幕空间少。

一般命令语言仅占用屏幕的一行空间，节省显示时间和屏幕空间，使屏幕显示紧凑和高效。

（3）功能强大。

与其他交互形式相比，命令语言的界面功能更强大。一条命令语言可以完成多次问答式对话或者菜单界面多个选项才能完成的系统功能。同时，命令语言可以形成批处理命令文件并保存起来，需要时可以重复执行。

2. 命令语言交互的缺点

（1）难以学习和记忆。

采用这种交互形式，用户必须精确地记住并输入大量的命令，因此命令语言交互适合熟练型或专家型用户，而不适合生疏型用户。

（2）需要掌握一定的键盘输入技巧。

命令语言交互主要依靠键盘输入，因此需要用户进行一定的键盘输入训练，掌握键盘输入技巧。

（3）出错率较高。

由于命令语言有一定的语法规则，要求用户必须按照语法规则输入命令，记住命令名称、参数等语法规则，因此容易出错，尤其对于生疏型的用户来说，出错率较高。命令语言界面的所有优点对于熟练掌握它的用户才是真正存在的。

3. 命令语言交互的设计标准

（1）一致性。

命令名称、命令语法的结构应该一致，可以将任务时间、差错和请求帮助减少到最少。例如，同一个功能只能有一个命令名称，如果使用 EXIT（出口）作为退出命令，那么在系统的其他部分就不要使用 QUIT（退出）。

（2）选择有意义的、独特的命令名称。

命令名称要有与其功能相对应的含义，且要与众不同、有特色、容易识别和记忆。

（3）限制命令的数量。

词汇越多，语法规则条文就越多，语言就越难以掌握，而且会增大用户出错的可能性。因此必须限制命令的数量，删去同义和重复的命令。

（4）使用缩写要一致。

同一命令语言应采用同一种命令缩写策略以及冲突解决策略，避免采用多种缩写策略。

（5）命令语法结构一致。

命令语句的各个组成部分应该出现在命令的相同位置。例如，命令名称出现在命令串的第一个位置，选项位于其后，最后是命令的变量。命令应该以最小的单词组合来定义功能。命令名称和语法序列应该是人们熟悉的且自然的。

（6）允许对一个命令串进行重现和修改。

当出现输入错误命令的情况时，能够重新显示，并且用户可以修改，而不是重新输入。

（7）采用提示帮助临时用户。

为了帮助临时用户学习使用一种命令语言，应提供提示。例如，如果用户需要复制一个文件到另一个目录下，但又不知道复制命令的语法结构，那么可以输入命令 COPY（复制），系统就会给出提示 FILENAME 文件名，用户就会根据提示输入文件名，系统继续提示 MOVETO（移动到），用户再输入目的地目录 D:\HOME。这样在系统的提示下，用户就可以完成一次命令语言的人机交互。

（8）考虑用命令菜单帮助临时用户。

所谓命令菜单，即把命令集中地按照某种结构显示在屏幕上，让用户通过上下键或者数字键来选择命令。对于临时用户来说，菜单式的命令语言更容易学习，因此可以考虑为临时用户提供命令菜单式的帮助。

（二）菜单交互

菜单交互方式是使用较早、较广泛的人机交互方式之一。菜单界面由系统驱动，向用户提供一系列对应动作的选项，用户通过鼠标、数字键或字母键进行选择。菜单选项的分组和命名给用户提供了找到所需选项的唯一提示。

1.菜单交互的特点

菜单交互是由计算机系统驱动的，设计良好的菜单界面能够把系统语义和系统语法明确直观地显示出来，并给用户提供各种系统功能的选择。菜单界面比较适用于结构化系统，每个菜单项都对应一个子程序功能或者下一级子菜单。

菜单界面减少了用户的学习成本和记忆工作量，简化了用户的操作。用户不需要任何培训，不需要记住复杂的命令语言，使用菜单导航即可完成任务。

菜单界面会占用部分的屏幕空间和显示时间，选择和返回菜单也需要一些操作时间。因此，在菜单选项法的具体应用中，应分析菜单项的功能和语义设计、菜单系统的结构设计、屏幕的布局、引导帮助、菜单切换和对话框的响应时间。

2. 菜单的类型和式样

（1）单一菜单。

有些任务采用单一菜单就可以满足单一的应用。例如，退出某个应用软件时，要求用户选择确定 / 取消。单一菜单中可以有两个或多个选项，用户可选择其中之一或确定多个选择。

（2）线状序列菜单。

线性序列菜单提供了一种简单有效的方式，通过一组相关菜单来指导用户完成整个决策过程，这是一个结构化的决策过程。用户能够确切地知道如何前进以及他们在菜单中的位置，并且可以回到之前的选项或重新开始该过程。

（3）树状菜单。

当菜单选项个数增加到很难处理时，可以按要完成的任务将其划分为若干类，将类似的选项组成一组，最后形成一个树状菜单。

（4）循环网络菜单。

循环网络菜单可以让用户在父菜单和子菜单之间、在子菜单之间来回移动，而无须返回父菜单再跳转到子菜单。循环网络菜单比较典型的应用是超文本技术，超文本技术节点之间的切换是通过网状结构来完成的。循环网络菜单的缺点是用户很容易迷路，所以应该在循环网络菜单结构中提供清晰的导航和帮助信息。

菜单的式样很多，包括全屏幕文本菜单、条形菜单、弹出式菜单、下拉式菜单、移动亮条菜单、基于位图的图形菜单、滚动菜单。

3. 菜单交互的设计标准

（1）合理组织菜单界面的结构与层次。

按照系统的功能来组织菜单，决定菜单的宽度、深度和层次结构。把逻辑相似的、有联系的菜单选项安排在一组，不同组之间要有分隔标志。

（2）为每组菜单设置一个简明、有意义的标题。

菜单的标题要简短、含义明确，可以把第一级菜单设为主菜单，包括各项反映系统的基本功能和程序框架。

（3）合理命名各菜单项的名称。

使用前后一致的和精确的措辞来命名各个菜单项，将关键词放在左边。每个菜单选项各有不同，因此菜单项名称应体现其功能，应使用语气友好、意义明确、通俗易懂、简单明了的词语或动宾词组为菜单项命名。例如，在Microsoft Word（文字处理器应用程序）软件中，菜单名称分别是文件、编辑、查看、插入、格式、工具、表格、窗口等。

（4）菜单项的安排应有利于提高菜单选取速度。

根据菜单选项的含义进行分组，并按照一定的规则排序，可以根据使用频度、数字顺序、字母顺序、功能逻辑顺序来组织安排菜单项顺序，这样有利于提高菜单项的选取速度。

（5）保持各级菜单显示格式和操作方式的一致性。

在界面设计中一致性原则是强调最多的原则，各个菜单项的语法、布局、用词要前后一致，这样可以加快用户的操作速度，减少出错率。

（6）支持键盘以及鼠标定位器等多种设备来完成光标的移动、定位及对菜单的选取。

（7）为菜单项提供多于一种的选择途径，以及为菜单选项提供捷径。

常用选项要设置快捷键，允许超前输入、超前跳转或通过其他捷径跳转到上层菜单或主菜单，以适应不同水平的用户。

（8）应该对菜单选择和点取设定反馈标记。

例如，移动光标进行菜单选取时，光标所在的菜单项应该提供高亮度或反视屏反馈，但此时并未选定表示光标位于菜单的选项，当用户确认后，要用明确的操作来选取菜单项，如鼠标单击或者按回车键。对选中的菜单应该给出明确的反馈标记，如在选项前面加"4"等标记；对当前不可用的菜单项也应给出表示，如用灰色显示。

（9）在可能的情况下，提供缺省的菜单选择。

（三）数据输入交互

数据输入交互方式几乎是所有软件都有的方式。用户输入的过程实际上是一个完整的人机对话过程，它要占用最终用户的大部分使用时间，也是容易发生错误的部分。

1. 数据输入界面的形式

计算机输入数据可以通过多种形式的数据输入界面来完成。

（1）问答式对话数据输入界面。

采用系统提问、用户回答的方式输入数据，简单易用，但单调、速度慢，不适合大量的数据输入，对熟练用户来说，效率低。

（2）菜单选择输入界面。

把所有的选择项都显示在屏幕上，用户只需输入代表各项的数字代码或直接选择，就可以输入所需数据。但是适合输入的数据有限，如只有几个可枚举的数据，同样不适合大量的数据输入。这样的界面往往要向用户提供选择数据的方式，比较复杂的选择方式是使用光笔或鼠标对文字菜单或图标进行选择，如各种汉字输入法的输入界面、个人数据助理 PDA 的输入界面等。

（3）填表输入界面。

填表界面提供给用户的是类似于纸张的表格，让用户按要求填写数据。系统提示输入数据的允许范围和输入方法，并对用户输入进行校验。此外，还具有更正功能，如果填错可以修改。

（4）直接操纵输入界面。

在支持窗口和图形的系统中，可以使用弹出式窗口显示待输入数据的表格，通过光标移动进行查找并按键选取来完成输入。

（5）条形码。

条形码代码通过条形码阅读器读取识别。阅读器在穿过条形码时检测暗带，并根据暗带的位置将条形码序列转换为数据。

（6）光学字符识别。

光学字符识别（OCR）系统是让计算机通过比较扫描图案来识别一些不同字体和大小的印刷品，常见的有清华紫光 OCR 光学扫描系统、AGFA（爱克发）光学扫描系统等。

（7）声音数据输入。

声音数据输入速度很快，可以用于不宜使用键盘、鼠标等设备的场合。

2. 数据输入交互的设计标准。

数据输入的总体目标是简化录入者的工作，在完成数据录入的同时尽可能降低录入错误率。一般来说，存在以下设计原则：

（1）数据输入的一致性。

在所有条件下，应使用相同的操作顺序、相同的分隔符和缩写等。

（2）使用户输入减至最少。

将用户输入的数据尽量减至最少，因为输入越少效率越高，出错机会越少，也减少了用户的记忆负担。例如，当同样的信息在两个地方都需要时，系统应该自动复制该信息，当然用户也可选择重复输入来覆盖它；如果某些数据项有默认值，用户可以直接利用系统提供的默认值而不必输入，减少输入可以减少错误。

（3）为用户提供信息反馈。

在需要用户输入时应该向用户发出明确的指示，可以使用闪烁的光标或 Enter Data（输入数据）等作为提示符。提示符的格式和内容应与用户的使用习惯、使用水平与需求相符。如果一个屏幕可以容纳多个输入内容，那么就可以将输入的内容保留在屏幕上，以便用户随时查看、对比和更改，清楚地了解下一步该做什么。

（4）用户输入的灵活性。

一个好的数据录入界面应该允许用户控制录入过程的进度，用户可以集中一次性录入所有数据，也可以批量录入数据，以及纠正错误录入。

（5）提供错误检测和修改方法。

数据录入是一项烦琐且无趣的工作，再加上人的健忘、易错、分心和打字技巧不足等，在录入操作中难免会出现错误。因此应具有简单的编辑功能以纠正数据输入中的错误，如删除、修改、显示、翻滚等功能。应提供恢复功能，它不仅可以编辑当前输入项的内容，而且可以恢复以前输入的数据项。在用户进行数据输入时，要对数据进行检测，防止错误数据输入；或对已经输入的数据进行检查，若发现有错应向用户提示。

（四）直接操纵和 WIMP 交互

1.直接操纵

除了上面讨论的命令语言、菜单、数据输入等交互方式外，当前比较受欢迎的另一类交互方式为直接操纵。直接操纵是放弃早期键入文本命令的形式，是使用鼠标、触摸屏、电子笔、数据手套等指点设备从屏幕上直接获取视觉命令和数据的过程。直接操纵为使用者提供了正在执行的任务的自然表示，包括任务对象、操作和结果。目前，直接操纵已成为图形化用户界面和窗口系统的技术基础之一。

直接操纵的优点包括：

（1）对象的模拟仿真表示。直接操纵的对象是动作或数据的一种形象化隐喻。这种隐喻应贴近实际内容，用户可以通过屏幕上的隐喻直接想象到或感知到其内容。

（2）将键盘输入替代为指点和选择。使用指点选择而不是键盘输入有两个优点：一是操作方便，二是速度快。

（3）用实际动作代替复杂的语法。标记按钮与其实际内容相近，用户看到按钮时能够直接想象其所代表的含义和功能。例如，用鼠标选中文件夹拖到回收站表示对该文件夹进行了删除操作。

（4）操作结果的立即回答和直观显示。用户可以及时修正操作，逐步向正确的方向前进。

（5）动作的连续性和可逆性。用户在使用系统的过程中，不可避免地会出现一些操作错误，通过逆向操作，用户能够方便地恢复到错误之前的状态。

（6）采用图形及图像的表示形式。在直接操纵环境中，用户关心的对象就显示在屏幕上，处理对象的表示更自然，新手用户可以很快地学会基本性能，熟练用户也可以迅速地执行范围广泛的各种任务，甚至可以定义新的功能和特性。

但是，直接操纵用户界面也会给用户带来不少的问题和局限：

（1）直接操纵界面以图标为主，部分任务可以用图表来完成，但正因如此，二者之间容易产生混淆。

（2）一个图标对于设计者来说可能有丰富的含义，但也意味着它的含义可能不明显，用户需要了解每个图标标记的组件的含义，这可能需要花费更多的时间。

（3）窗口、图标、按钮等作为可以直接操作的界面元素，占用了一定的屏幕空间，有用的信息可能会被挤出屏幕，这就需要用户多次滚动操作。

（4）对于专业级用户来说，在触摸屏上移动鼠标或手指可能比直接打字还慢。

但是，随着计算机硬件和软件技术的发展与进步，直接操纵技术将在图形化人机交互界面中发挥越来越重要的作用。

2.WIMP 交互

目前，软件交互的最常见的形式是 WIMP 交互，通常叫作视窗系统。WIMP 是图形用户界面主要设计元素的缩写，包括窗口（windows）、图标（icon）、指点设备（pointer）和菜单（menu）。

（1）窗口。

窗口是图形用户界面中最重要的组成部分。它是屏幕上与一个应用程序相对应的矩形区域，看起来就像是一些独立的终端。在用户运行应用程序时，应用程序就会创建并显示一个窗口。当用户操作窗口中的对象时，程序就会做出相应反应。窗口通常可以包含文字或图形，并且用户能够对窗口进行打开、关闭、缩放、移动、重叠等操作。屏幕上可以同时显示几个窗口，用户可以通过选择相应的窗口来选择相应的应用程序。典型的窗口通常包括标题栏、菜单栏、工作区、工具栏、最大化按钮、最小化按钮、关闭按钮、滚动条等。

根据窗口的结构，窗口可以分为以下几类：

①滚动型窗口：通过滚动窗口可以看到所有信息。

②开关型窗口：屏幕上有多个可滚动的窗口，但一次只能显示其中一个，系统可以使用开关来选择当前需要显示的窗口。

③分割型窗口：允许用户将屏幕进行水平分割，如可以分割成两个、三个或更多的子区域。每个分区的宽度是固定的，等于显示器的宽度，但可以控制高度，使多个进程的运行结果同时显示在一个屏幕上。

④瓦片型窗口：有规律地将屏幕横向或纵向地划分为互不重叠的子屏，每个子屏对应一个窗口。这种类型的窗口看到的是每个窗口显示的信息，每个窗口的信息并不被其他窗口遮挡。

⑤重叠型窗口：窗口的大小和位置可以独立改变，也可以叠加在其他窗口之上。

⑥弹出型窗口：可以认为是重叠型窗口的特殊情况，是系统运行过程中的临时动态产生的窗口。这种类型的窗口始终位于其他窗口之上。例如，许多软件需要使用对话框和提示框来接收或显示信息，这些都属于弹出型窗口。

（2）图标。

图标是计算机菜单、窗口或屏幕上的图形标识符。当用户暂时不想执行某个程序时，可以将含有该应用程序的窗口图标化，利用图标可以在屏幕上同时得到许多窗口。图标可以节省屏幕空间，并且可以提醒用户，用户之后可以打开窗口，重新执行应用程序。图标也可以用来表示系统的其他项目，如收集废弃文件的回收站、用户可以访问的程序或功能等。图标在计算机图形交互界面中的应用范围广泛，具有提高用户的工作效率、表示视觉和空间概念、节省空间、有利于界面的标准化和规范化等作用。

（3）指点设备。

指点设备是 WIMP 界面的重要组成部分，因为 WIMP 所需的交互形式主要取决于指点和选择图标。鼠标是此类交互形式的主要输入设备，在屏幕上呈现给用户的是一个由输入设备操控的光标。

不同的工作模式往往采用不同形态的光标。例如，普通指针光标是一个箭头符号；画直线时，它可以变成十字准星；当系统正在读取文件或正在执行工作时，可能会出现一个时钟或沙漏图标。指点设备更直观，让用户将注意力集中在屏幕上，从而实现快速操作并减少错误。

（4）菜单。

窗口系统的最后一个代表性特征是菜单，许多非窗口系统也经常采用菜单这种交互方式。菜单允许用户选择系统定义的操作或服务。菜单栏通常位于每个窗口的顶部或屏幕底部。菜单栏上的"项"是命令的基本分类，如文件、插入、布局等菜单。从菜单栏中选择一个项通常会弹出一个二级菜单，在弹出的菜单中选择一个菜单项，用户可以命令程序去执行某个特定功能。通过菜单界面，用户只须确认而无须记忆系统命令，从而极大地降低了操作难度。但菜单的缺点是灵活性和效率性较差。

WIMP 界面交互主要采用直接操纵技术，交互命令和任务通过可视对象表示，用户可通过键盘和鼠标操作这些对象来完成相应的任务，界面输出为静态或动态二维图形、图像及其他多媒体信息。与命令语言交互界面相比，图形用户界面提高了从计算机到用户的输出带宽。输出不再只由单一字符形式组成，而由窗口、图标、菜单、文本等形式组成，交互的自然性和效率有了较大的提高。

3.图形用户界面的设计标准。

（1）界面要具有一致性

一致性原则是界面设计中最容易忽略的，也是最容易改变和避免的一条原则。例如，菜单项中必须使用相同的术语、对话框必须具有相同的样式、所有对象必须以同一种方式显示和操控等。这些一致性的显示与操作方式降低了用户记忆、学习的负担和错误率，也有助于人机界面的组成标准化。Windows 图形用户界面中的一致性包括使用标准控件，使用相同的方法显示信息，字体、标签、样式、颜色、术语和错误消息的显示应该一致。

（2）避免令人迷惑的类化。

图标应以预期的方式工作。以 Windows 操作系统的回收站为例，当删除文件时，系统并没有真正删除它，而是把它放在了回收站，以后如果需要还可以恢复，除非该文件已经在回收站中被清除了。如果放在回收站中的条目不能恢复，图标就没有按预期的方式工作，因为用户知道实际生活中放在垃圾箱中的东西被收垃圾的人清空之前也是可以找回的。

（3）不违反大众习惯。

不同文化背景下的用户群体可能对一个图标如何工作有不同的设想。因此，设计图标时一定要考虑用户的习惯和环境。

（4）为特定目的使用图标。

图标不见得比键盘更快或更容易使用，用户用鼠标点中一个图标的速度可能没有键盘快。例如，有经验的打字员敲数学表达式要远远快于在使用图标的计算器上选择数字和操作。为了同时满足新手用户和熟练用户，Windows 操作系统自带的计算器应用程序的开发员设计了两种交互方式，既可以通过键盘输入数据，也可以用鼠标单击计算器面板。

（5）使用易于理解的图标。

图标的意义应该尽可能明确，因为一个不恰当的图标不能很好地表示它的信息。例如，在 Windows 系统中，回收站表示删除条目的所放位置，这个图标的意义就很容易理解。

（6）常用操作要有捷径。

常用操作的使用概率比较高，应该尽量减少操作序列的长度和复杂度。

例如，提供常用工具的快捷方法不仅会提高用户的工作效率，还会使界面在功能实现上简洁高效。又如，有关文件的常用操作，如打开、保存、新建等可以设置快捷键或图标按钮。

（7）提供简单的错误处理。

系统必须具有错误处理功能。当错误发生时，系统应该检测到错误，并提供简单易懂的错误处理功能。错误发生后系统状态不会改变，或者系统必须提供指引和指导以从错误中恢复。

（8）提供信息反馈。

正常操作和简单操作不需要反馈，但异常操作和重要操作需要信息反馈。另外，需要有长处理过程、需要用户等待较长时间的操作应该加入反馈，让用户了解系统正在做什么。

（9）操作可逆。

操作应该可逆，这对于不具备专门知识的操作人员相当有用。这些功能可以减少用户对可能出错的担心，专注于当前的任务。可逆操作可以是单个操作或一系列相对独立的操作。

（10）精心设计的联机帮助。

尽管联机帮助对于高级用户来说不是必不可少的，但对于大多数没有经验的用户来说是非常重要的。提供针对用户错误的保护机制和强大的辅助机制，以帮助用户正确操作和使用系统。

（11）合理分割屏幕并有效使用。

仅显示允许用户维护视觉环境的上下文相关信息，如放大和缩小窗口。使用窗口分隔不同类型的信息，只显示相关的、有意义的信息，避免用户分心。

（12）信息显示方式与数据录入方式一致。

尽量减少用户输入的动作，允许用户自行选择输入方法，删除不正确的输入，允许用户控制交互过程。隐藏当前不可用的命令或明确指示，如将指令单颜色变为灰色。

（13）遵循可不用鼠标原则。

应用中的每一个功能应当可以只用键盘完成，可以不用鼠标操作，尽管操作可能比较麻烦。

（14）所见即所得，所有操作过程及效果是可观察到的。

例如，光标移动、窗口缩放、菜单查找和点取等都是立即发生的、可见的。使用比喻模拟日常操作方式，易学易用，不易出错，一旦出错，结果立刻显示。

（五）查询和问答对话

1.问答式对话

问答式对话是最简单的一种人机交互形式，是系统发起的对话。系统使用类自然语言提出问题并提示用户回答，用户通常可以通过键盘键入字符串作为回答。简单的问答式对话一般采用非选择形式，系统要求用户的回答仅限于"是"或"否"；对于更复杂的对话，则会把回答限定在小范围的答案中，用户通过字符或数字输入做出反应，此类用户响应也被称为菜单响应。例如，在文字处理系统中执行编辑动作时，系统可以询问用户想执行哪个编辑动作，回答仅限于输入、删除、查询、保存等，用户只能选择其中一个动作作为答案，然后根据用户的回答，系统执行相应的功能或继续提出新的问题。

问答式对话方式的优点是简单易用、易学甚至无须学、软件编程容易实现、错误率低；而缺点是效率低、反应速度慢、机动性差、使用过程中用户受限、不方便修改或扩展等。

2.查询语言界面

信息查询语言是用户与数据库交互的一种介质，也是定义、检索、修改和操作数据的工具。查询语言只需要提供做什么的操作需求，不需要描述怎么做。因此，用户在使用查询语言界面时，一般不需要具备必要的编程知识，这使得用户更易于使用。目前，查询语言在互联网上被广泛应用。在分析和设计数据库查询语言界面时，需要对数据库用户进行分类，使设计的查询语言满足不同用户的需求。我们可以将数据库用户分为三类：程序员用户、技术用户和临时用户。其中，程序员用户是熟悉编程语言和方法的计算机专业人士，一般负责数据库程序的创建和维护以及一些实用软件程序的开发；技术用户是完成数据处理的相关工作人员，对于计算机并不熟悉，但他们操作计算机的技术比较熟练，因此他们需要并期望使用数据库系统来完成他们的工作任务；临时用户只是临时使用数据库系统，他们对数据库的使用是固定和有规律的。

在设计查询语言界面时，应针对不同的用户设计适合的、有针对性的语言形式和界面。一般来说，查询语言界面的设计应遵循以下原则：

（1）提供一种易于理解和使用的自然语言形式的非过程化查询语言。

（2）提供更灵活的查询结构，满足不同知识水平的用户。

（3）语句应简单，拼写元素尽量少，减少用户的记忆负担和工作量。

（4）语义设计应前后保持一致，避免用户混淆。

（5）应使用通用语言，语法成分应尽可能准确地反映其语义信息，实现查询语言的转换和优化。

（6）提供查询帮助。

（六）响应时间和显示速率

1. 响应时间

响应时间包括简单响应时间和选择响应时间。

简单响应时间是指单一信号、单一运动反应在准备条件下测得的反应时间。

选择响应时间是指存在多个信号，每个信号都需要不同的特定响应，并且在准备条件下测量的响应时间与信号数量有关系，且明显长于简单响应时间。人在处理和响应信息时，听觉反应通常比视觉反应更快。人的听觉反应时间为 120~150ms，而视觉反应比听觉反应慢 30~50ms。人脑的信息处理过程更为复杂，这与任务的复杂程度、人的不同记忆特征和年龄等密切相关。此外，还应考虑错误情况及其恢复过程，以提高人机对话过程的效率。如果人们因想对系统做出反应而急于行动，就会增加错误率。

2. 显示速率

对于基于字符的显示终端或硬拷贝设备来说，显示速率以每秒字符数

（CPS）来衡量，这是字符在设备上显示以供用户阅读的速率。通常，提高显示速率可以加快人机对话速率。但是，当显示速率超过人的阅读速率时，理解可能会受到影响。有实验证实，更快的显示速率会导致用户眼睛疲劳和错误，而30CPS的速率具有更高的正确率。对于交互图形的显示，应尽可能提高图形的生成速率，以提高用户的工作效率，尤其是在复杂图形和真实图形的生成方面。人们希望系统在执行图形获取、图标移动和窗口还原等操作时具有快速的响应速率。当用户阅读显示的字符时，字符的显示速度不宜过快，以尽量减少错误。

综上所述，设计者在确定人机对话的响应时间与显示速率时，必须综合考虑系统响应时间、人机对话时间、人的反应时间、任务复杂度、出错率以及系统成本，要在以上各种因素之间进行权衡，选择最佳的响应时间与显示速率。一般来讲，系统的响应时间不应大于15s，而人与机器的快速对话时间不应小于1s。

（七）帮助和出错交互

在一个人机交互系统中，由于用户自身原因或系统原因，经常会发生一些错误操作。一个好的交互系统不可能要求用户不犯错误。出错属于人的固有特性，但是设计不当也会引发用户出错。所以我们在界面设计时要尽量减少出现错误的可能性，并且在错误出现时使其后果最小化，即进行帮助和出错设计。

1.出错处理分析

一般有八种基本出错类型：

（1）不真实感：用户心智模型没有准确反映现实，造成感觉器官对现实细节的错误表述。这种现象通常被称为"先入为主"。

（2）注意力不集中：执行某项操作时，用户注意力缺失或想同时进行另一项任务。

（3）失忆：用户忘记了某个细节，这可能发生在短期记忆中，也可能发生在一个非常复杂的过程中，如忘记接下来要做什么。

（4）回忆不准确：回忆细节时，发现可能不适合当前的任务，或者回忆不准确、不完整。

（5）误解：对感官知觉产生了错误的解释。

（6）误判：由于对形势的误判，所制订的计划不能满足目标的需要，而误认为当前的行动是错误的。

（7）错误推理：对某种情况做出错误的结论。由于缺乏一定的知识，推理没有根据，不能完全了解当下情况。

（8）误操作：这是一种典型的人为错误。比如，本想按下回车键，操作时手指却按下了退回键。

2. 帮助设计

（1）帮助设计要执行的功能。

①提供在线手册：在线手册是传统书籍的替代品。电子格式的手册比书籍更容易获得。它们可以帮助用户使用软件，指导用户完成每个操作，并向初学者介绍详细的知识。当然，熟练或专业的用户是根本不需要运行在线手册的。

②在线培训。在线培训的吸引力在于它采用模拟、动画、引导用户进入对话状态等方式，利用电子媒体对用户进行授课。

③在线演示：在屏幕上演示大量的典型用法，可以让用户加深对系统的理解，开发预测模型。

④上下文帮助：上下文帮助是图形用户界面中最常用的一种帮助形式。它可在用户不离开工作环境的情况下提供即时帮助，并提供与特定对象相关的上下文信息。

（2）帮助设计的基本原则。

一个良好的帮助处理系统应遵循以下设计原则：

①完整性：提供的帮助应包含所有必需的信息，有意义、完整和具体，同时排除不必要的信息。

②一致性：帮助信息应该前后一致。

③上下文相关：帮助信息应该是上下文相关的，即系统应该时刻观察用户的当前状态，告诉用户在这里能做什么。

④可理解性：帮助信息应使用用户的惯用语言，根据用户的任务进行解释，并且易于用户理解。帮助信息必须简短、具体和自然。动态示例优于手动说明。在显示方面，帮助信息应该放在屏幕的特定位置，一个不同于用户工作窗口的独立窗口中。

⑤可维护性：帮助信息应该易于扩展和维护，即系统必须易于扩展，以确保系统存储最新、最全面的帮助文本。

⑥方便性：帮助信息是一种为用户操作提供学习的工具，以满足用户各种形式学习的需要。交互功能提供的帮助信息由用户自行决定，不能强迫专家用户使用不必要的帮助。

3. 出错设计

出错设计有两种：一种是防错原则，另一种是纠错原则。系统的设计者首先要想办法防止错误出现，并且当错误发生时，要设法纠正错误并恢复系统。

（1）防错原则。

①应避免命令名称、动作顺序过于相似，以免用户混淆。

②建立有助于减少学习和错误的共同原则与模型。

③提供上下文和状态信息，方便用户了解当前状态，避免盲目操作。

④降低用户记忆的负担。

⑤降低用户在操作时的技能要求。比如，在电脑操作中尽量减少 Shift、CW 等组合键的使用。

⑥使用大屏幕和清晰可见的反馈，在计算机图形接口中实现准确定位和选择，这有助于用户寻找和识别小目标。

⑦减少键盘输入。更少的输入意味着更少的出错机会。

（2）纠错原则

①提供撤回功能。一个命令执行后应具备撤回功能。好的系统能够执行

多个撤回操作。目前，一些程序允许用户自己设置撤回次数。

②提供程序运行时的取消功能。在计算机系统中，有些操作需要很长时间才能完成，应该允许用户在觉得不需要继续时随时取消当前的命令，而不是必须等命令运行完成后再继续操作。

③对重要的破坏性命令提供确认措施，防止破坏性行为。例如，在计算机系统上，格式化磁盘、删除文件、清空垃圾箱等命令应该提供一个确认对话框，只有在用户再次确认后才能运行。

④确定与组织帮助信息和错误信息的内容，提供查询方法，设计错误信息和帮助信息的显示格式；错误信息提示应含义明确，尤其对于初学者，应易于识别和理解，避免歧义。

⑤纠错提示。发生错误后，应有信息说明发生了什么错误以及如何纠正错误。

⑥系统应具有错误恢复功能，使用户能够回到操作过程的前一阶段。

第四章 交互界面软平台设计

第一节 交互界面软平台基础

一、软平台设计概念

交互界面设计包含软、硬平台两大部分，基于软件平台的设计部分即为软平台设计，之所以这样划分，是因为制作流程。在很多新媒体艺术创作中，需要先在计算机软平台上完成交互系统的搭建，测试通过后，再进行交互界面物理平台的设计工作。另外，软、硬平台的设计人员与创作环境往往也是分开的，所以在交互界面设计时可以分两步进行。

交互界面软平台设计是新媒体艺术创作的重要环节之一，在相应的软件系统里，将项目资料根据一定的逻辑关系进行组织、整合，设计具有一定艺术审美的视觉界面，并创建基于计算机自身输入输出设备的、人性化的交互功能界面。简而言之，即在计算机软件平台上实现交互界面设计，这里的所有工作都是基于计算机软件平台的，不包含物理硬件交互界面内容。

二、软平台设计应用

交互界面软平台设计是绝大部分新媒体艺术项目的基本环节，对某些类别的新媒体艺术作品来说，软平台创作甚至是项目设计的全部内容，如电子游戏或单机操作的 CD-ROM（只读光盘存储器）多媒体宣传样本等，用户大多通过鼠标、键盘、触摸屏等外设直接在计算机上操作完成，这些类别的新媒体作品一般不需要另外设计物理交互界面。目前，这类作品占据新媒体艺术设计的半壁江山，也是新媒体艺术最主要的商业模式，其主要应用领域涵盖了网络传播、企业宣传、广告推广等几大媒体市场。

对于其他新媒体艺术作品，在制作过程中除了软平台设计外还需要借助硬平台进行人机界面的物理设计。这类作品的设计流程一般是先在交互界面软平台上进行交互界面基本功能设计，然后再配合交互界面设计需求，进入硬平台设计环节，最终完成交互界面系统总体设计。

三、软件选择

可用于交互界面设计的软平台开发环境有很多，既有以图形界面为主的多媒体软件，也有纯编程界面的软件平台。创作者在进行选择时一方面要根据设计师自身的知识情况，选择自己熟悉的平台，便于快速上手；另一方面要依据各软件的不同特点，通盘考虑项目的实际情况，慎重挑选。

1.图形界面多媒体制作软件

有多款图形界面多媒体软件平台可供选择，对于大多数设计师来讲，较为熟悉的应该是 Adobe Director 和 Adobe Flash，这两款软件目前都出自大名鼎鼎的 Adobe（奥比多系统）公司，当然在若干年前，它们还是 Macromedia 公司的拳头产品。

在大部分新媒体艺术作品创作中，这两款软件是较理想的选择，它们都有简单易懂的图形化界面编辑窗口，便于集合了众多多媒体元素的新媒体艺术作品进行系统整合。另外，两者还都提供可供二次开发的编程语言环境，Director 的 Lingo 编程环境的高效性一直被专业人士津津乐道，Flash 的 Action Script（动作脚本）则后来居上，被越来越多的新媒体艺术设计师所喜爱。这些脚本式的高级编程语言，易于学习掌握，是构建交互界面的重要语言环境。

2.编码界面多媒体制作软件

开发软件无论是图形界面还是编程界面，程序编写都是其中的主要内容，虽然编程对于艺术家或设计师来讲一直是一个巨大的挑战，但又是通往成功的必经之路。通过认真学习，突破这一阻碍并非难事，在突破这一难关后，才能在新媒体艺术领域游刃有余。

本书面向新媒体艺术创作的初学者，侧重在相对更直观易学的图形界面软件环境里，通过学习掌握交互界面软平台设计的基本方法，培养独立的创作实践能力。

四、软平台规划基础

交互界面软平台设计是在计算机上完成互动系统内容的搭建，并完成所有界面的美术设计，软平台的所有设计工作都是在计算机软件上完成的。在开始软平台设计制作前，要做好以下准备工作：

1.绘制项目结构框图

新媒体艺术作品往往是一个庞大的系统工程，要传播的内容繁多、结构复杂，所以在设计之初要清晰地绘制项目的整体结构框图，便于在设计过程中对整个设计环节有清晰的把握。

2.准备媒体素材

包括图片、文字、视频、音频甚至一些动画素材，这些素材有些是现成的、不需要额外加工，有些则需要进行简单处理，如一些图片需要重新修图，有些元素可能就需要全新的创作，如制作动画、拍摄视频或录制音频等。

素材的准备是一项艰巨而烦琐的工作，很多需要专用的软件对于新媒体艺术设计师来讲，很难一个人完成所有的素材准备工作，所以新媒体艺术项目需要各类不同专业背景的人士组成团队共同完成项目。

3.进行交互界面的美术设计

在系统搭建前必须进行完整的界面美术设计工作，要在符合交互界面设计基本要求的基础上，进行美术创作，设计既要整体统一，又要具有较突出的主题风格。

交互界面的美术设定往往能更直观地表达作品的设计理念，所以在开始系统设计前要做好美术设定的工作，界面的美术设定讲究主题性和系统性。

（1）主题性：要围绕设计主题为项目设定好版面的基色和基本图案组合。比如，对于主题是家居生活类的项目，在色彩的设定上往往倾向于温馨浪漫的水果色系，在界面的形式感上应更注重细节化的点缀，如添加一些小的图案，以增加界面的亲近感等。如果面对科技产品或工业类主题的交互设计项目，在色彩上应采用更理性沉稳的冷色或中性色，在图形设计上硬朗的外表和精致的线条能更好地突出作品主题。

（2）系统化：一个交互设计项目往往由多个页面组成，页面间既要有个性又要保持统一的格调，系统化的美术设计可以给使用者很强的心理暗示，有利于作品整体形象的塑造。

第二节　Flash互动界面软平台设计

Flash 是由巨集媒体公司 (Macronmedia) 公司研发的一款交互媒体制作软件，最初是为了给迅速发展的网络平台提供一个基于矢量动画的互动设计工具，所以 Flash 具有很多网络交互的特点，如播放文件小巧便于网络传播、具有很强的互动性等，解决了在网络平台上进行动画互动的这一难题。

Flash 自诞生之日起就被广大用户所喜爱，随着其性能的不断提高和扩展，应用领域也在不断扩大，除了基于网络平台发布的动画片、广告片外，Flash 的交互功能设计更被新媒体设计师所发掘，在不长的时间内即成为交互界面设计领域的重要开发工具。目前，Flash 被广泛用于二维动画制作、动画互动网页制作、多媒体光盘制作及新媒体交互艺术创作等多个商业设计领域，已经渐渐成为矢量动画及交互平台的开发标准。Flash 之所以能成为交互界面软平台的主要开发工具，主要是因为它的以下特点：

（1）方便灵巧的矢量动画绘图功能。Flash 灵巧的图形绘制功能及动画制作能力，对于专业及非专业人士来讲都是非常方便的，它提供了一个快捷的工具，可以帮助个人在短时间内完成以前要集体力量才能完成的动画短片制作，并且可以输出高质量的播放文件。

（2）文件小巧，适合网络发布。Flash 是基于矢量平台的动画软件，输出的文件小巧，便于制作基于网络平台的新媒体艺术交互作品。

（3）强大的交互设计能力。Flash 的 Action Script 编程环境为高级交互控制设计提供了可能。Action Script 是一个类似于 JAVA 的面向对象的程序语言，通过这个语言，可以完成交互动画游戏开发、网络交互产品设计及新媒体艺术项目设计等工作，这使得 Flash 在交互设计领域具有广阔的发展空间。

（4）体积小巧，但质量良好的流文件格式越来越被人们所关注。Flash 提供 FLV 格式（流媒体格式）的视频文件基于流式技术，速度快，还可以通过 RTMP 协议（实时消息协议）从 Flashcom 服务器（Flash 的流媒体服务器）上流式播出。目前，越来越多的视频网站都采用 FLV 的流式视频格式进行视频发布，FLV 已成为一种业界标准，使用越来越普遍。

一、Flash 动画基础

Flash 软件是一个具有图形界面的交互媒体制作软件，界面清晰，功能灵活，非常易于学习。除去交互设计功能，Flash 首先是一个矢量动画软件，在新媒体艺术交互界面设计过程中，大多数页面的版面设计与矢量动画效果都能通过 Flash 直接制作完成。

1. 界面简介

Flash CS3 的界面与之前的版本基本上没有太大差别，都有工具箱、时间轴、场景区和右侧的特殊属性窗口及下部的属性面板。

2. Flash 动画类别

Flash 首先是一个非常优秀的二维动画软件，适合快速制作各类动画作品，新媒体艺术作品中所需要的各种动画元素，也可以在此软件中快速制作完成。所以，学会 Flash 的基本动画制作工具是首先要解决的问题，只有学会了基本的动画元素制作工具，才能继续下一步交互功能开发的学习。

在 Flash 中，动画基本可以分为两大类：运动动画和变形动画。

（1）运动动画：是一个物体从一个位置运动到另一个位置。在整个运动过程中，原始组件的形状是不会发生变化的，就如同一个动画角色从地点 A 运动到地点 B，在运动过程中，角色始终保持不变。所以运动动画的对象要求是一个整体，在整个运动过程中不能有基本形态的变化。

（2）变形动画：在运动过程中物体的形状发生变化，如直线变成曲线，满月变成月牙等。由于变形动画的基本对象要在整个变形过程中发生变化，所以其对象不能是整体，而应是可以随时变化的基本图形元素。

3. Flash 动画元件

元件可以说是 Flash 最重要的概念，Flash 软件提供了三种不同类型的元件，分别是图形元件、按钮元件和影片剪辑元件。不同类型的元件具有不同的属性特征，其应用场合也不尽相同，选择合适的元件类型完成设计是制作动画作品或完成交互设计项目的基础。所以在开始项目创作前，必须先了解不同元件的特性与使用功能，熟练掌握不同元件的应用场合与使用技巧。

有两种创建元件的方法，一种是直接创建（Insert>New Symbol），选择元件类型后在元件编辑窗口制作元件；另一种是将做好的元素转化成元件（Modify>Convert to Symbol），选择元件类型并命名，完成创建工作。

元件被创建好后自动存于元件库（Library）面板中，将库内的元件拖入场景中就生成了一个元件实例，一个元件可被多次导入场景生成实例，所有实例都源于一个共同的元件，在修改元件本身时，所有对应的实例都将跟着变化。来自同一元件母体的实例是相对独立的，除了其形状受制于元件母体外，可单独对其进行特效编辑，如调色、设置透明度等，亦可在文件属性面板中为实例命名，以便在交互程序里为其指定不同的命令语句。

（1）图形元件。

最基本的元件类型是一组包含时间线动画的独立单元，在图形元件的时间线上制作或导入一组元素，这些元素可以是图形、图像、视频或音频等任何媒介，可以根据需要添加动画效果，这样一个图形元件就完成了。图形实例的制作和引用遵循元件的基本规则，但在导入场景时，场景时间线必须有足够的时间长度才可保证元件动画的完整播放，如果场景的时间线比元件自身的动画时间短则不能完成整个元件动画的播放，而如果场景为图形元件预留的时间足够长，元件会在播完一个动画周期后继续循环播放，直到场景时间结束。

（2）视频剪辑元件。

视频剪辑元件是 Flash 交互设计制作的基础，其操作方法类似图形元件，可用于存储一组独立的动画单元，在引用时同样要导入场景，生成一个元件实例。与图形元件的区别是视频剪辑元件生成的实例。

在场景里播放时，无论场景时间线是否预留足够，它都可以无限循环播放。这一功能对于交互设计项目非常有用，因为在等待点击时，使用者往往希望场景中的动画可以无限循环播放，而图形元件不具有这样的功能，所以在交互界面设计中大量使用视频剪辑元件。

（3）按钮元件。

按钮元件是 Flash 交互设计制作的另一个重要元件，其操作方法不同于上面两种元件。与其他软件里的按钮概念相同，创建元件后，该元件的编辑窗口不是普通的时间线，而是按钮的三个时态外加一个响应区域。在三个时态中可以编辑按钮的不同状态，甚至可以在每个时态中插入视频剪辑元件或图形元件来创作按钮的动画效果。响应区域则用来专门定义按钮响应的范围，它可以比按钮图案大，反之亦可。

二、交互编程基础

Flash 软件的交互功能是通过内部的 Action Script 编程语言来实现的。目前，新版本都内置了 ActionScript 3.0 版本，这一版本与之前的 1.0 和 2.0 版本最本质的区别是实现了真正面向对象的编程环境，ActionScript 3.0 功能合理、系统性强，更符合目前流行趋势及行业规范。

这是一个既能满足专业程序员也能满足艺术家进行创作的环境；对于程序员来讲，面向对象的编程方式是他们所习惯的，可以快速学习并进行复杂项目的开发；对于交互媒体艺术家来讲也是一个易于学习的互动开发工具。

1. ActionScript 3.0 特点与应用

Flash 的 ActionScript 3.0 可以用于各类交互功能的软件开发，如人机交互界面设计、各种游戏设计等，亦可通过程序编写出丰富的动画效果，让动画变得弹性十足，为互动作品增添色彩。

2. ActionScript 3.0 组成及编程方式

ActionScript 3.0 的主要模块包含两部分：核心语言和由一系列 Flash Player（多媒体程序播放器）组成的 Flash Player API。所谓核心语言，主要是用来定义编程语言的基本结构，如声明变量、编写语句、设置表达式、创建语句结构（条件或循环）等。Flash Player API 则是 Flash 自带的一组应用程序编程接口，在核心语言里通过合理运用 API，可以大大减轻编程负担，提高 Flash 程序应用的能力。

ActionScript 3.0 有两种编程方式：一种是传统的帧代码方式，将代码直接写在时间线的关键帧上。另一种是将代码全部写在独立的类文件中，称为文档类方式。

（1）帧代码方式。

直观简便，按时间线对程序进行梳理，比较容易被初学者接受。但缺点是非常明显的，因为代码都写在时间线上，所以代码分散，不易修改及管理，也不便于重复使用。

（2）文档类方式。

ActionScript 3.0 发布后，强大的面向对象技术的支持使得 Flash 影片与类代码的绑定成为现在开发的标准。文档类是将程序段全部写在独立于 fla（动画文件格式）工程文件的 as 文档类中，这种方法可以提高程序效率，使得代码可以重复使用，而系统的程序管理也更便于日后的维护或更新，这是一种科学的编程方法。文档类方式也使得代码编写与美工设计可以分开工作，更有利于大型交互项目的协同研发。

但是否可以说文档类方式可以全部取代帧代码方式呢？当然不是。毕竟它们各有长短，总体来讲，和影片播放流程相关的代码写在关键帧上更简单明了，而将通用的代码写在文档类中更容易管理。

另外，在项目设计时，往往将所有页面放在一个工程文件里进行设置，但对大型系统来讲，把所有内容都放在一个工程文件里会导致文件过于庞大，不利于项目的发布和传播，解决方法就是化整为零，将整个项目分解到多个相互关联的工程文件里，这样每个文件就相对较小了。

3. 初识 ActionScript 3.0

在学习 ActionScript 3.0 具体编程规则前，先通过简单的 "Hello World"（你好 世界）程序实例来揭开它的面纱。

程序基本功能：先运行已编写好的 bnl.fla 文件，画面停留在左页面上等待用户指令，用鼠标点选 "GO"（去）按钮，即可进入 "HELLOWORLD" 右面的欢迎页面并停止在该页面上。

本实例采用了文档类的编程方式，源文件夹中包括一个 fla 文件及一个装有控制程序的 as 文档类，fla 文件中包含页面显示内容，而所有代码都单独保存在 fla 主文件同一目录下的 Main.as 文件中，运行 fla 生成的 SWF 文件（文件格式），系统自动调入在 fla 文件里已经建立了链接的 Main.as 文档类，它们共同完成了交互界面的设计功能。

4.ActionScript 3.0 面向对象编程规则

ActionScript 3.0 是面向对象的编程语言（以下简称 AS3），通过类将抽象的对象实例化，类是面向对象编程语言的基础，定义特征及行为。下面将就 "Hello World" 的 Main.as 实例，分步认识 AS3 的基本语法结构及设定。

Main.as 文件的生成方法如下：首先，打开 Flash，然后创建一个扩展名为 as 的文档类，最后在文档编辑器中编写上面的语句。

（1）定义包。

在 Main.as 文档中，首先看到的是 Package{}（包）关键词，它是 as 文档的主要关键词，用来定义一个包块。在 ActionScript 3.0 版本中，要求所有的类文件都声明 Package 关键词，"{}" 定义一个类且只能定义一个类，当然在这个大括号外面可以定义一些辅助类，不过辅助类只能被 "{}" 内的类访问。在一般情况下，建议将文档类 as 文件和 fla 工程文件存于同一个目录下，如果没有存放在同一个目录下，那么包就不可省略目录名，如将文档类存放于主目录下的 apple/as3 中的话，需要在包关键词后加上目录名，即 Package apple.as3{}。

（2）导入包类。

在包中，如果下面的程序需要引入其他的类，可在 Package 中首先导入，可用 import（导入）语句，后面加入类的包路径和名称。导入的类可分为系统自带的类和用户自定义的类，如 import Flash，display（显示），Movie Clip（影片剪辑）。如果导入自定义的类要注意类的存放目录，如果所有的自定义类都在同一目录下，可不用导入直接使用。如果采用帧代码方式，直接将程序写在时间线的关键帧上，那么系统自带的类可省略导入，用户自定义的类则需要导入才能使用。

导入类时要指明类所在的位置，在通常情况下，有这样三种情形：一是已明确知道要导入哪个包，直接导入单个包即可，如需要进行鼠标事件控制时，就需要导入 Events（事件）包中的 Mouse Event（鼠标事件）包。代码为 import Flash，Events，Mouse Event。二是不知道具体要导入的类，和 AS2（Action Script 2.0 版本）一样，引用类时可以用"*"通配符。假如需要一个绘制对象，但是并不知道该类的具体名称，那么就可以使用通配符，一次性导入 display 包内的所有类，如 import Flash，display*。三是同一包内的类互相引用时不需要导入，即在同一计算机目录下的类在互相调用时是不需要事先声明的。

本例中，如果采用文档类的形式编写程序代码的话，就需要在程序的开端事先导入需要用到的类，本例导入了三大类文件包：鼠标事件类 Mouse Event、Sprite（精灵）类和 MovieClip 类。

（3）创建主类。

在接下来的语句中，需要创建主类，其程序语句为：Public class 类名。

此类被称为主类，主类名必须与文档类文件名同名，是供外部使用的，如本例中的 Public class main，"main"是类名，文档类文件名就是 Main.as。

（4）继承。

继承是面向对象技术的一个重要概念，也是面向对象技术的一个显著特点。继承是指一个对象继承另一个对象后，便可以使用被继承对象的属性和方法。准确地说，继承的类具有被继承类的属性和方法。被继承的类称为基类或者超类，也可以称为父类；继承的类称为扩展类或者子类。继承的关键词是extends（扩展）。

（5）构造函数。

构造函数是一个特殊的函数，其创建的目的是在创建对象的同时初始化对象，即为对象中的变量赋初始值。在 ActionScript 3.0 编程中，创建的类可以定义构造函数，也可以不定义构造函数。如果没有在类中定义构造函数，那么在编译时编译器会自动生成一个默认的构造函数，则这个默认的构造函数为空。构造函数可以是空的，也可以有参数，通过参数传递实现初始化对象操作。

"Hello World" 的 Main.as 实例中 main（）就是构造函数，返回空值。其含义为停止在当前帧上，并且对元件实例 btnl 进行侦听，一旦发现有鼠标点击事件，就执行 ClickMovie 函数的操作。

（6）事件侦听。

在上面程序段中，用到了 ActionScript 3.0 里另一个重要的概念，即事件侦听。事件侦听器即以前版本中的事件处理函数，是 Flash Player 为响应特定事件而执行的函数。事件侦听器主要负责侦听事件，并在侦听到该事件之后，执行事件侦听函数体内的代码。

添加事件侦听的过程有两步：首先，使用 addEventListener（侦听事件并处理相应的函数）方法，在事件的目标或位于事件流上的任何显示列表对象注册侦听器函数。其次，为 Flash Player 创建一个事件侦听函数，即为响应事件而执行的函数或方法。

在 Flash 播放器的应用程序接口中有一个 Event 类，作为所有事件对象的基类，也就是说，程序中所发生的事件必须都是 Event 类或者其子类的实例。

Event 类有自己的属性和方法可供使用，ActionScript 3.0 使用单一事件模式来管理事件，所有的事件都位于 Flash，Events，其中包括 20 多个 Event 类的子类，用来管理相关的事件类型，如本例中用到的鼠标事件类型，另外还有管理键盘输入的键盘事件类型、时间事件类型以及帧循环事件类型。

三、页面跳转交互设计

页面跳转功能是 Flash 交互设计里的主要应用模块，是最基本的交互功能，被广泛应用在各类交互设计项目中。页面跳转即在一个工程文件里，在程序控制下，可以在不同页面间互相跳转，如从主页跳到下一层子页面，甚至更深的子页面，然后再跳转到主页。

如前文所述，ActionScript3.0 在进行程序编写时一般有两种方式：一种是直接把程序写在相应的关键帧上，另一种是写在独立的文档类中，当然它们各有优缺点，这里不再赘述。大多数情况下，程序员会根据实际情况选择适当的编程方式，如对于页面跳转应用来讲，采用帧代码方式可以让程序看上去更简洁明了。但如果要将大量的页面跳转程序写在一个独立于工程文件的文档类中，则需要程序员有非常清晰的条理，程序在编写时也相对复杂一些。下面将分别采用文档类方式和帧代码方式创建单一文件页面跳转项目，大家可以比较两者的优缺点。

1. 文档类创建单一文件页面跳转

先来分析一下如何在同一个工程文件里实现页面间的跳转，上一小节中的实例"Hello World"就是个简单的单一文件页面跳转实例，可以看到页面跳转主要是通过按钮或视频剪辑元件作为界面接口来实现交互控制的。

本节中将通过一个主页与两个子页面间跳转的实例制作来分析单一文件中页面跳转的方法。

本实例设计的具体目标是：

（1）系统自动开始播放，进入主页面等待状态。

（2）分别选择两个按钮，进入相应的子页面。

（3）在子页面中通过"返回"按钮返回到主页面，完成页面跳转。

本例首先采用了文档类编程方式，所有控制程序都写在 enterframe3.as（进入帧）文档类中，在同目录的 fla 工程文件里，设置相关联的文档类名称为"enterframe3"，这样就为 fla 工程文件与 as 文档类文件建立了关联关系。

2. 帧代码创建单一文件页面跳转

文档类编程有很多优点，但很多设计师在进行页面跳转项目开发时，还是更爱采用帧代码的方法，这是由于对于需要在时间线上控制页面跳转功能的交互项目来讲，帧代码方式更加直观、简单，容易编写。

用帧代码的方式重新编写上面的实例，通过这个实例可以比较一下两种代码编写方式的优缺点。

帧代码编程法，就是在相应的关键帧上写下程序代码。本例中，第 10 帧为项目首页，第 20 帧和第 30 帧分别为两个子页面，在帧代码编写方式中，相应的控制程序被分别放置在第 10 帧、20 帧、30 帧三个关键帧上。

四、ActionScript 3.0 复杂编程基础

前面章节是从实践入手对 ActionScript 3.0 的基本编程方法与规则进行了讲解，但交互界面设计是非常复杂的，设计类别也很多，除了页面跳转类的设计外，还有游戏设计、复杂界面设计等，这些设计会涉及更多的 ActionScript 3.0 编程问题。前面章节介绍了 ActionScript 3.0 基本的编程方法，本小节将在此基础上对交互设计中遇到的一些较深入的 AS3.0 编程问题进行一个梳理。

1. ActionScript 3.0 的显示编程

显示功能是 ActionScript 编程语言的重要功能模块，在画面上显示任何元件，都要通过显示功能模块来实现。与老版本相比，ActionScript 3.0 的显示功能有了很大的变革，原有的显示结构发生了重大改变。这对于那些习惯了 ActionScript 2.0 版本中对影片剪辑元件控制和使用的交互设计师来说，适应

ActionScript 3.0 必须经历一个重新学习的过程。

ActionScript 3.0 显示编程的内容简单来讲就是如何使用脚本来生成和控制各种图形、动画的对象，并让他们在 Flash Player 舞台上实现可视化的过程。

在 ActionSeript 3.0 中，所有的显示对象都属于 DisplayObject 类，它是显示列表中所有对象的基类。因为 DisplayObject 是一种抽象基类，所以不能直接调用。

显示对象只有被放置在显示容器中才能被显示在窗口中，Display-ObjectContainer 类是显示对象容器，是显示列表中所有显示对象容器的基类，用于管理 Flash Player 显示的所有对象。加入显示对象容器的显示对象与容器一起组成显示列表，每个 DisplayObjectContainer 下面都有自己的子级列表，用于组织对象的 Z 轴顺序，Z 轴顺序是由前至后的顺序，可确定哪个对象绘制在前、哪个对象绘制在后。

2. DisplayObject 的属性与方法

在舞台上看到的显示对象，都有它们各自的属性，如名称、位置、透明度等。这些属性都来自显示对象的基类 DisplayObject，这个类包含了大部分显示对象的共有特征和行为，特征即显示对象的属性，行为即显示对象的方法。

ActionScript 3.0 中，DisplayObject 类共有 31 个公共的属性、8 个公共方法和 8 个事件。

第五章 图形化用户界面及网站交互界面设计的实践

第一节 图形化用户界面设计实践

一、图形化用户界面概述

（一）图形化用户界面的特点

一般来说，图形化用户界面由于其一些独特的特点，相较于其他类型的界面，更加生动和直观，大众接受程度较高。图形化用户界面主要有如下特点。

1. 直观性

图形化用户界面会广泛使用窗口、图标、菜单、指针、按钮、对话框等基本界面部件来表示各种应用。这种通过视觉来使用户获取信息的方式是图形化用户界面的关键属性。同时这种直观可视性在人与操作界面之间形成了一个有效的连接。另外，文本、图像、动画、视频、音效也是经常被使用的重要辅助手段。这些手段是否能取得最佳效果，取决于用户界面所属硬件设备的性能。

2. 交互性

图形化用户界面具有高度交互性，用户输入一条指令后会立刻得到结果，一般以文字、声音、图像、视频或动画等多媒体形式来表现。这样用户能及时了解自己的操作过程，及时纠正错误的操作，以便往正确的方向靠拢。界面对用户的操作及时地提供反馈信息是非常重要的，这些反馈信息会提高用户的操作体验感，突出其主体地位，反映出用户的控制权。交互往往具有灵活性，系统会针对不同用户提供不同的界面，也允许用户自主选择交互方式。交互功能使得用户与操作界面真正形成了有机连接。

3. 操纵性

在以图形为主的界面操作中，用户的操作可以随时显示在界面上，使其直接观察到行动的过程，因此用户可以非常自由地对界面进行操作。如今流行的触摸屏技术即利用了图形化界面强大的操作感。例如，翻页的时候，用户可以用手拨动书角；删除文件的时候，用户可以直接把文件丢到回收站中；放大缩小画面，用户可以用手指的分开和闭合来控制。面对这样的界面，用户很快即可掌握操作技能。另外，操纵感的增强也会提高界面的使用效率，并使用户获得巨大的满足感。

4. 易读性

图形化界面相对于其他类型的界面，更多采用各类动作或图示来代替复杂的指令语句。当用户看到某个图标或按钮，就能直接想象出其所代表的意义或功能。例如，文件夹、文档、图片、影像、声音等各类图示，都非常容易理解其作用。另外，指针在不同操作下的状态，沙漏、手形、箭头等形状，也可以及时反映用户操作的状况。这种易读性在图形化用户界面下，用户工作起来非常轻松，利用常识即可完成任务。

（二）图形化用户界面的设计原则

相对于其他用户界面的开发，图形化用户界面的设计较为困难和复杂。在设计图形化用户界面时，应尽可能遵守下面几条设计原则：

1. 操作标准化

由于图形化界面丰富多样，因此在设计界面时很容易违背操作标准化的原则。但若设计时规范界面的使用方法，反而使得用户的操作效率更高。例如，单击的一般都是用于选取；打开一个文件一般都采用双击动作；弹出的对话框必须具有相同的风格和使用方法；对当前状态不可用的命令进行隐藏或有明确的不可用表示，如颜色变灰。

界面应该以一致的方式完成对所有目标的显示和操纵。通过一致的显示和操纵方式，用户的记忆、学习负担和错误率有所降低。这种方式也促进了人机界面的标准化。用户界面图形化设计中经常使用标准控件呈现相同信息的方法，如字体、图标、标签、颜色、术语、错误信息等，都应该保持一致。

2. 使用常识化

不同的用户可能对同一个图标的工作原理有不同的假设，因此，设计界面时一定要考虑用户的习惯和环境。从界面布局到每个图标的设计，从整体规划到某个颜色的应用，都应该符合用户的使用常识。例如，大众一般认为红色代表禁止，绿色代表通过，黄色代表警告，设计者在设计中就要考虑到这些因素。

3. 含义明确化

对于图形化界面来说，大量的图形使用会使得用户对界面的理解从意会的角度变为象形的角度。一个不恰当的图标不能很好地表示它的信息。因此每个图形的意义应该尽可能明确且统一。例如，文件夹的图标就表示里面放有文件，回收站的图标表示删除条目的所放位置。这些图标的意义就很容易理解。

4. 控制简捷化

用户对界面的控制中，一些常用操作的使用频率会很大，因此应该设法减少操作的复杂性。例如，大部分软件界面都把菜单中某些常用功能用图标的形式提炼出来，组成一个快捷工具栏，或是把具有针对性的很多工具集结起来形成一个工具箱，等等。对常用工具提供简捷的使用方法，不仅可以提高用户的工作效率，还使得界面在功能实现上简捷高效，真正体现出图形化界面的便利。

5. 布局合理化

设计界面时，应该合理划分并高效地使用显示屏。对每一部分窗口都应该衡量其大小及放置位置，尽量符合用户的观察和使用习惯。例如，一般快捷工具栏都在软件界面最上方形成横条，或者在最左方形成纵条；主编辑窗口一般都在屏幕的正中位置并占据较大的空间。另外，要能保持视觉环境，如放大和缩小窗口，利用窗口分隔不同类型的信息，只显示有用的信息，避免数据过多，使用户感到混乱。

6. 信息反馈化

一般来说，普通操作和简单操作可能不需要信息反馈，但对于异常操作和关键操作，系统应该提供信息反馈。图形化界面一般也采用图形信息表示来进行反馈，如等待时出现沙漏标识，出错时用黄色和叹号标识。另外，如果出现长处理过程，即对用户的操作需要进行较长时间反应，这时也应该加入信息反馈，让用户清晰了解系统的进程。以 Windows 系统为例，如果等待时间 0~10s，鼠标显示成沙漏；10~18s，用微帮助机制显示处理进度；18s 以上时，应显示处理窗口或进度条；在长时间的处理完成时，应发出声音提示，避免用户遗忘操作或一直守在屏幕前。

7. 进程可逆化

任何用户操作，都应该具有可逆（撤销）功能。这一点对于不具备专门知识的操作人员非常有用。可逆功能的设立可以有效减少用户对操作错误的担心，把精力集中在完成任务上。可逆的操作可以是单个的操作，也可以是一个相对独立的操作序列。

8. 过程透明化

图形化界面的宗旨就是要体现操作反应的过程。因此用户操作时，应该实现所见即所得，即所有操作过程及效果都是可直接观察到的。例如，光标移动、窗口缩放、选取文件等都是立即发生和可见的。在表现形式上可以模拟日常操作方式，易学易懂，避免误解。

（三）图形化用户界面的艺术设计

图形化用户界面设计中的艺术层面也是一个重要的部分。有效的艺术感不仅能为界面本身增色，也有利于提高用户的操作兴趣和注意力。一般图形化用户界面在艺术设计上需要从以下几方面来考虑。

1. 对比

通过强调对比双方的差异所产生的变化和效果，来获得富有魅力的构图形式。对比从类型方面区分，在界面设计中主要有以下八种：

（1）大小对比。

大小关系是界面布局中最有价值的要素。界面有很多区域，包括文本区、图像区、控制区等。它们之间的大小比例决定了用户对系统最基本的印象。尺寸上的微小差异给人以温和的感觉；巨大的尺寸差异给人一种更清晰、更震撼的感觉。例如，重要的菜单选项可以通过放大来突出显示。

（2）明暗对比。

阴阳、白天与黑夜等对比，可以让人感受到生活中光明与黑暗的关系。明暗是色彩感知的最基本要素，设计中经常通过使界面背景变暗并使重要的菜单或图形更亮来突出重要元素，正是利用了这种对比。

（3）粗细对比。

如果细体字符的数量增加，则应减少粗体字符，这样搭配起来比较适当。重要信息应以粗体大字甚至三维形式显示在界面上，配上动人的音乐，给人一种气势磅礴的感觉；对于比较柔美的篇幅，选择细斜体或倒影字体来显示为佳。

（4）曲直对比。

曲线充满柔美与张弛，直线则充满刚硬与锐利。自然界中的线条一般都是由这两者协调产生的，如果想加深用户对曲线的认知，可以用一些直线来装点画面，少量的直线可以让曲线更加醒目。

（5）横竖对比。

横线给人以稳重、沉静的感觉；竖线则与横线相反，竖线代表向上伸展的动感，可以表达执着和理性。如果过分突出竖线，界面就会变得冷漠、厚重，难以接近。竖线和横线的对比编排，可以让两者的表现更加生动，既营造了界面的简洁感，又避免了冷漠和呆板。

（6）质感对比。

在日常生活中，其实很少有人谈论质感。然而，在界面设计中，质感是一个非常重要的形象元素，如质感。质感可以展示情感，也可以增加界面元素之间的对比。例如，以大理石为背景或以蓝天为背景呈现出的对比效果，前者给人一种沉稳、踏实、内敛的感觉，后者则给人一种活泼、开阔、自由的感觉。

（7）位置对比。

对比也可以通过位置的差异或变化创造出来。例如，将某些对象放置在界面的两侧，既可以表达强调，又可以形成对比。界面的上、下、左、右和对角线的四个角都是合适的位置点，在这些点上放置图片、标题或标志等，都非常具有表现力。

（8）多重对比。

通过组合上述曲直、明暗、横竖、大小、粗细等各种对比方式，可以创造出多种多样的界面。

2. 协调

协调是相对于对比而言的。协调就是将界面上的各种元素之间的关系进行统一处理、合理搭配，使之构成和谐统一的整体。协调被认为是使人愉快和称心的美的要素之一。在人机交互界面设计中，协调是令人愉悦和令人满意的美的要素之一。在同一界面中不同元素之间需要协调，在不同界面之间不同元素也需要协调。协调基本可以体现在以下四个方面：

（1）主从。

界面设计和舞台布景设计异曲同工，其中一方面就是主与从的关系。当主要信息和次要信息之间的关系明确时，用户就会关注主要信息并感到舒服和安心。当主从之间的关系模糊时，会让人感到不知所措。因此，在界面上清晰地表现出主从关系是一种常用的界面构成方式，也是界面设计中需要考虑的一个基本因素。

（2）动静。

在界面设计中，动态部分和静态部分也是相辅相成的。动态部分包括动态图像和动作的发展过程，而静态部分往往是指界面的按钮、文字、图片等。散状或流状是动，静止不变则是静。一般来说，动态部分和静态部分应该相对而立。动态部分占据界面的大部分，而静态部分占据界面较小的面积，静态部分虽然占地面积不大，但存在感很强。在周围可以保留一些空白，以强调它们的独立。这种布局对用户更有吸引力，也更容易展示。

（3）入出。

界面空间常可以设定得有力和动感，以更好地支配空间。因此，界面的入口和出口应该相互呼应、相互协调。两者之间的距离越大，效果越强。设计时可以充分利用界面的两个端点，但要特别注意出入点的平衡，强弱要有相应的变化，一方太弱，就不会产生共振的感觉。比如，整体的标题设计可以让它从中心逐渐辐射，最终停留在整个界面上，也可以从屏幕的一端推出，环绕屏幕的另一端，最后落在屏幕的某个特定位置。这两种方式都能协调好入出的关系，具有一定的艺术效果。

（4）统一协调。

如果对比关系被夸大，空间中保留过多的造型元素，则很容易造成界面混乱。解决这类问题，最好加入一些共同的造型元素，使界面具有共同的风格和整体的协调感。统一和协调相互配合，就能呈现非常好的界面效果。

3. 平衡

界面的平衡是相当重要的。实现平衡的一种方法是将界面在高度上三等分，界面的中轴落在底部 1/3 的分界线上，以保持空间的平衡。

平衡不是对称的。从一点开始，同时向左右扩展的形状称为左右对称的形状。应用对称原理，可以创建复杂的形状，如旋涡。在我国古典艺术中，一般讲究对称原则。虽然对称可以使用户感到庄重和威严，但它也会使界面稍显呆板，因此界面设计领域一般不认可对称原则。现代造型艺术也在向着不对称的方向发展。当然，如果要表达一种传统风格，对称还是更好的表达方式。

4. 趣味性

趣味性是通过使用生动、直观的图形来优化界面，使软件变得吸引人的有效方法。在界面设计中增强趣味性，要注意以下几个方面：

（1）比例。

黄金分割，又称黄金比例分割，是一种非常有效的界面设计方法。设计一个物体的长、宽、高和位置时，如果能按照黄金比例来处理，可以营造出独特的稳重感和美感。

（2）强调。

如果界面过于风格单一，可以添加适当的变化效果，让用户产生强调的感觉。强调可以改善界面的单调感，让界面充满活力。比如，界面上布满文字，看起来很呆板无聊，当添加图片或照片时，就好像将石头扔进静止的水中，产生新的涟漪。

（3）形态意图。

由于电脑屏幕的限定性，一般的排版方式总是以方形为标准形状，其他各种形状都包含在它的变形中，四个角全部是直角，体现界面的规律性。而其他变形则可以提供不同的感觉。例如，三角形有锐利、明快的感觉，而圆形则时而稳重，时而柔美。同样的形状也有不同的表现形式，如用设备绘制的圆具有较硬的质感，而手工画的圆则具有柔和的曲线之美。

（4）变化率。

在设计界面时，标题的大小要根据内容来确定。标题与正文字体大小的对比率就是变化率。变化率高，界面风格生动；变化率低，界面风格板正。对变化率进行衡量，就可以判断界面设计的效果。

（5）规律感。

如果重复排列具有共通性的形状，就产生了规律感。设计时只要能给人留下深刻印象就好，也不必非要是相同的形状。重复数次就可以营造出规律感，甚至有时只使用两次某种形状就可以营造出规律感。在设计多媒体应用系统时，规律感可以让用户快速熟悉系统，了解使用方法。这方面，Windows 软件给了我们很多启示。

（6）导向。

按照眼睛注视的方向或物体指引的方向在界面中产生的一条定向路线，称为导向。在设计界面时，设计师经常使用导向来使整体画面更加醒目。一般来说，用户的眼睛会下意识地关注一个移动的物体，就算这个物体在屏幕的角落也一样。知道了这一点，设计者就可以有意识地将用户的视线引导到需要关注的信息上。要记住，一个动作的结束应该引导出下一个动作的开始。创建导向最简单的一个方法是直接在希望用户注意的地方画一个箭头，给予他直观的指示。

（7）空白。

体育比赛的解说员一般语速都非常快，但是电视节目主持则不需要过快的语速，主要是因为话语中的空白区较多。同理，界面设计中的留白量也是需要重视的，绝不能在一个界面中放置过多的对象，使界面显得拥挤杂乱。界面的美感常由空白区的分布来体现。空白的量对界面的风格有决定性的影响，更多的空白可以提升界面的格调和稳定性；更少的空白可以使界面显得丰满热情。在设计包含大量信息的界面时，不宜使用大量空白区。

二、图形化用户界面的设计元素

图形化用户界面包含着各种基本的界面元素，从细节出发是设计一个优秀用户界面的根本。设计界面时，首先是构成基本界面元素，然后再进一步构成整个界面。进行基本界面元素设计时，要注意软件界面是交互的、不断变化的，因此不仅要考虑一种状态下的界面，而且要考虑所有可能的状态下的界面。不同界面元素之间可以相互转化，但这种状态的改变必须符合相应规则。

在设计过程中，建立完善的设计规范是有益的，尽管对于不同规模的项目，设计规范的复杂程度会有所不同。如果项目规模比较大，设计师一个人无法针对每种可能的界面状况进行设计，设计规范就尤其重要，它可以指导团队的其他成员顺利且一致地处理界面设计的相应情况。具体来说，图形化用户界面的设计元素有以下几种：

（一）布局

对于一个界面来说，布局就像打地基一样，是最先也是最基本的设计步骤。

设计屏幕布局时应该使各功能区重点突出，一般应遵循如下几条规则：

（1）注意屏幕上下左右平衡。

（2）对屏幕上所有对象，如窗口、按钮、菜单等应一致化处理，使用户的操作结果可以预期。

（3）提供足够信息量的同时要注意简明、清晰。

（4）对象显示的顺序应按需要排列。

（5）画面中显示的命令、对话及提示行，在一个应用系统的设计中尽量统一规范。

图形化用户界面不同于一般的信息呈现界面，它更像是提供给用户一个直观的操作平台。界面布局不需要特殊安放一个视觉重心，只要能够将用户的注意力集中在他所工作的对象上即可。界面元素的布局应以方便易用为准则，并根据用户的不同操作及时产生相应的变化，同时允许用户部分或完全控制界面元素的组织和显示。

界面元素的布局应合理划分区域。同一类功能应该归于一个区域，这样可以使用户对界面的整体架构产生清晰的认识，更易理解相关的功能。另外，界面元素的相对集中会减少用户在操作过程中的指针移动距离，降低用户的操作复杂程度。

在设计中还应采用比较主流的屏幕分辨率进行设计。虽然较高的屏幕分辨率可以使屏幕资源更好地被利用，以提高工作效率，但是依然要保证在较低的分辨率下，软件仍可以正常地运作。

（二）指针

指针是用户操作的引航标，是界面控制的最直接要素。指针的定义为用以对指点设备输入系统的位置进行可视化描述的元素。图形界面的指针常用的形状有系统的箭头、十字、文本输入、等待沙漏、手形等。

指针是用户操作状态最直接的反馈。在用户操作时，指针总是处于视觉中心的位置，所以指针传递的信息能被用户最直接地接收。指针的尺寸一般需要控制在 24×24 像素以内，相对形状较小。因此，在指针的设计上，应把重点放在如何用较小较简单的图形反映操作的含义上。

（三）窗口

在目前的计算机系统中，大多软件界面使用窗口技术。窗口的定义一般为一个包含软件应用或者文档文件的长方形区域。对于窗口的操作有打开、关闭、设定大小、移动等，多个窗口可以同时出现在界面中，针对某个窗口可以将其最小化成图标形式或最大化到整个屏幕。窗口是应用程序运行的主要输入输出载体，是人机交互的基础，大部分的操作和显示都通过窗口来完成。由于如今的系统广泛采用多进程多任务的运行模式，因此如何利用一个显示屏进行多个工作区域的展示，就成为窗口设计的重要目标。某些硬件设备，也提供了两个以上屏幕或者辅助显示仪器。

1. 窗口的分类

（1）滚动式窗口。

滚动式窗口是最简单的窗口形式，通过窗口的滚动，如上下翻滚，能够看到全部信息。此类窗口一般借助于窗口侧方的滚动条，也可以通过指针模拟拖拽页面的方式进行滚动。

（2）开关式窗口。

开关式窗口提供多个可滚动窗口，但每个时刻仅能显示其中的一个，系统可以通过开关选择当前要显示的窗口。这类系统的工作类似于大多数虚拟字符终端的工作。

（3）并列式窗口。

并列式窗口一般把屏幕划分成几个不重叠的子窗口。每个子窗口都有默认的宽度和高度，但都可以控制，可以按所需进行改变。这样的窗口构造可以在一个屏幕上同时显示几个过程的运行结果，每个窗口内的信息不会被其他窗口遮盖。此类窗口的缺点在于分摊屏幕，因此相对来说空间有限，显示的信息也有限。

（4）层叠式窗口。

层叠式窗口可以针对每一个窗口改变位置和大小，多个窗口可以叠放，相互遮挡。只有放在最顶层的窗口不会被其他窗口遮挡，其中的全部信息均可见，每个窗口都可以被激活成最顶层的窗口。此类窗口之间可以部分重叠，也可以全部重叠。其好处在于，使有限的屏幕空间得到充分的利用；弊端在于相互遮挡，使屏幕显示较为复杂，需要用户有较强的层次感，影响使用者的注意力。对于多任务的软件界面，这样的窗口构造是合理的。

（5）弹出式窗口。

弹出式窗口属于特殊的层叠式窗口，一般作为系统运行时临时动态生成的窗口。弹出式窗口通常自动放置于其他窗口的最顶层，主要是为了吸引用户的注意力或是体现目前操作的重要性。例如，操作成功提示、警告信息、提醒信息等都属于弹出式窗口。

2. 窗口的组成

窗口的基本组成元素在各类界面都相通。一个窗口一般是由窗口框架、标题栏、工具栏、工作区、滚动条、状态栏等元素构成的。

（1）窗口框架。

一个窗口应该有明显的边界，并且可以按用户需求进行边界的控制，以能够改变窗口的大小。窗口框架通常为矩形，也有一些窗口框架为了表现出艺术特色，采用其他形状进行展示。很多软件的外观可以通过官方或自制的界面"皮肤"进行替换，包括窗口形状、背景图形和颜色等。但是无论如何改变其造型，窗口的构造也应该符合一定的通用规则，否则会造成用户难操作的结果。

（2）标题栏。

标题栏一般位于窗口的顶部，用来说明窗口的名称。通常，标题是用文字表现的，也可以利用窗口的功能名称，或者进程的状态名称；标题还可以用图形来表现，但要求形象直观，体现出窗口的作用。一般通过标题栏，用户可以控制窗口并进行移动。此外，标题栏一般也包含窗口的最小化、最大化和关闭等控制按钮。

（3）工具栏。

这里的工具栏指快捷操作工具栏，并不是指软件操作工具箱。工具栏通常置于窗口的左侧或标题栏下方。工具栏一般设计为可活动的，用户可以通过指针选择并移动至窗口的其他地方。工具栏内含若干个大小相同、排列有序的图标，用来提供对特定命令或选项的快速访问，也可代表交互过程中的一些状态或属性。

（4）工作区。

工作区是指窗口内位于中心的一个最大区域，窗口的其他组成部分一般都是针对工作区进行操作或改变显示方式服务。工作区空间相对较大，针对工作区的各种辅助部件一般围绕在工作区周围，便于用户选择利用。在工作区里用户可以进行各种具体的操作，如文本、图形编辑、观看、控制等。

（5）滚动条。

为了更好地利用有限的屏幕资源，窗口应该被设计成具有延展性的，滚动条就是为此而生。如果在一个窗口里显示不了全部内容，可以利用滚动条上下或左右移动，使窗口在框架边界以内进行显示内容的滚动。

（6）状态栏。

状态栏不是每个窗口都必须拥有的组成部分。状态栏通常位于窗口的底部，一般显示有关窗口中正在查看项目的当前状态的信息或其他一些上下文信息，让用户可被及时了解操作的进程和界面的状态。

窗口的设计应该注意以下几个方面：

①对于简单的用户界面，使用并列式窗口即可，减少复杂性。

②尽可能减少窗口切换次数，以减少系统开销，提高运行速度。

③某些窗口可以被设计成自动隐藏或关闭，以便降低屏幕显示复杂度。

④在允许的情况下，进行多窗口设计，提高工作效率。

（四）菜单

图形化用户界面的菜单选项是供用户选择的、用于对对象执行动作的元素。菜单通常呈现为窗口形式，最常见的类型包括下拉菜单、弹出菜单（右键菜单）和级联菜单（多层菜单）。

菜单选项的选择设计中，要包含选中状态和未选中状态，一般要体现名称和热键。选项前可以配以辅助图标，不同功能区间应该用线条分隔，如果有下级菜单应该有展开下级图标，如果有伸缩菜单或隐藏选项，应该有展开菜单图标。

菜单选项的设计焦点在于"广度"和"深度"的平衡。"广度"指在同一级菜单中显示的选项数，"深度"指菜单的分级数。广度大意味着用户可以同时看到更多的选项，但也需要占用较多屏幕空间，使用户感到繁杂——极端的情况是，在较小的屏幕上菜单无法完全显示，用户对菜单上繁杂的选项感到困惑。深度大即将选项分为多级菜单显示，理想的情况是，增强对用户的引导，提高选项的可检索度。但也可能造成分级过深、重要的选项被埋藏，不便于用户检索。一般来说，以三层以内为宜。另外，应将同一级菜单选项分类排放在一起并对各类别进行分隔，对菜单选项按音序排序，并将关键字尽量地靠近左侧、改变字体或加粗等。此外，还可使用伸缩菜单，根据用户的使用频度自动隐藏和显示菜单选项来调节菜单的长度有效地提高选项的可检索度。对弹出菜单，则应根据用户的工作动态来组织选项。

（五）图标

实现图形化用户界面的关键元素就是图标的设计。

1.图标的基本概念和工作原理

图标是图形语言的一种，是直观地表示实体信息的简洁抽象的符号，也是表示概念的图像符号，特点是直观、形象、易懂，是图形界面的精髓。图标一般比较小，最小尺寸为 16×16 像素，较大的尺寸约为 64×64 像素。较小的图标通常是为了节省空间或便于同其他图标集成在一起。图标常表示某个工具或动作指示。当图标含义不明确时，可在图标上加文字说明；对图标进行操作的时候也可加上声效，一般同类型的图标使用的声效要统一，让用户听到声音就能了解自己的操作属于哪一类。

2.图标设计

由于图标一般较小，需要在很小的图像内表现出具体的内容，因此设计图标时应以精致的形象为根本。具体来说，设计图标时应考虑到以下几点：

（1）使用常识化形象，使用户更容易理解其含义。

（2）考虑到图标的文化背景，符合用户的使用环境。

（3）避免使用字母、单词、手或脸。

（4）单个图标内的形象不要超过三个。

设计图标时，一般遵循以下几点原则：

（1）以熟悉和能辨认的方式表示对象和动作。图形应逼真地显示目标形状，尽量避免抽象，使人们可以快速、准确地识别图标。

（2）应该用不同的图标体现不同的目标。

（3）图标样式尽量简单，但不同图标之间要有一定的区分。

（4）图标的意义要符合常规的表达方式，且具有一致性。

（5）确定合适的图标大小，且同一系统中的图标应该具有统一的尺寸。

（6）图标类型不宜过多。

（7）图标突出于背景，确保被选择的图标在未选择的图标中清晰可见。

（8）设计活动的画面，拖拽图标时，图标、框架、灰色图标或黑块能跟着移动。

（9）增加详细的信息，如容量、色彩、打印等。

（10）探索图标的组合应用，创建新的对象或动作。

（六）按钮

按钮事实上是图标的另一种表现形式。按钮的主要作用是进行人机交互，它是允许用户指点执行操作的一种视觉元素。按钮可以是任意形状的图形或图像，也可以是文字。按钮一般设计成凸起的形式，类似于浮雕，用户凭常识即可识别出这是按钮。

按钮设计的关键在于按钮的状态变化。一般来说，按钮有四种状态，即默认状态、鼠标经过时状态、鼠标点击时状态、不可点击状态。特殊情况下，可以把鼠标点击状态拆分成鼠标按下状态和鼠标抬起状态两种。按钮的状态变化必须明显可见，其响应区域应尽量与按钮外形一致，响应的方式可以是按钮上字体大小、颜色、位置等的变化，也可以利用动画或影像来表现。按钮交互发生的时候，应该伴随音效，且与该交互功能有一定的意义关联。一般按钮不宜设计得太小，不方便点击；多个按钮之间的间距也不能太小，以免造成误点击。

按钮的设计应既简洁又直观，让用户一看就能理解。属于一个群组的按钮应该风格统一，功能差异大的按钮应该突出其区别。

（七）文字

图形化界面中文字的重要性较其他类型界面略有降低，但依然是不可忽略的元素之一。文字元素是信息传达的主体部分，从最初的纯文字界面发展至如今的图形化界面，文字仍是其他任何元素都无法取代的界面重要组成部分。文字作为信息的重要载体，在图形化界面中一般充当提示、标识、说明等角色。尤其是一些抽象交互功能很难用确切的图形来表示的情况下，文字是最佳的代替方案。通常，指针在经过某图标或按钮等标识性元素的时候，会自动显出对其解释的文字，便于用户理解其作用。

文字的设计主要集中在字体、大小、颜色、布局等方面。设计时，应尽量采用视觉舒适又醒目的文字方案。较为人性化的界面还会给用户提供自定义文字方案的权利。另外，系统中的字体库也需要考虑到，避免出现乱码或不能正常显示字体的情况。

一般来说，文字设计应遵循以下原则：

（1）标签提示：字体为加粗，宋体，黑色，灰底或透明，无边框。左对齐并带有冒号结束。

（2）日期：正常字体，宋体，白底黑字。

（3）左对齐：一般为文字、单个数字、日期等。

（4）右对齐：数字、时间、日期加时间。

（5）移动顺序：在字符界面，先从左至右，后从上至下。重要信息的控件应该靠前，位置醒目。

（八）图形

在界面设计中，图形运用的合适与否，关系着应用系统整体效果的好坏。图形在多媒体软件界面中的应用范围很广，如应用系统的背景图、烘托效果的装饰图、命令按钮的形状图形等。

多媒体软件界面中图形的设计没有千篇一律、一成不变的设计原则，要视具体的应用系统而定。以下是一般设计原则：

（1）图形的含义应与系统环境有一定的关联性。

（2）图形的大小和宽高比要符合人们的视觉观察习惯。

（3）图形的纹理图案不要过于规整，可以有变化，但色调要简单，不要过于复杂。

（4）正确使用各种色彩和配色方案，营造良好的色彩环境。

（5）注意调整适合图形展示的亮度、对比度、饱和度等参数。

（九）颜色

图形化用户界面的视觉表现力是最突出的，而在视觉上主要是采用颜色的搭配来进行设计。在图形中要正确使用颜色及颜色搭配，如前景色和背景色，文字颜色与图标底色等搭配，以构成一个良好的色彩显示环境。

正确使用颜色的基本原则如下：

（1）颜色的有效利用应该以提高人的视觉信息获取能力并减少疲劳效应为最终目的。颜色对人产生视觉感并引起疲劳等方面有一定的影响。一方面，人们可以根据图标的色调、明度、饱和度等颜色因素来辨识不同的物体目标。其中，色调是最重要的，不同色调有不同的感染力和表现力，给人以不同的感受。另一方面，颜色也会引起人的视觉疲劳。比如，让人视觉舒适的颜色包括黄绿色、蓝绿色、淡青色等；红色和橙色对人眼产生的疲劳感居中；容易引起视觉疲劳的颜色是蓝色和紫色。

（2）颜色的组合、搭配同样会对人的视觉能力和疲劳感产生影响。前景色与背景色的正确配合将改善人的视觉印象，不易引起视觉疲劳，能有效获取图形表达的信息；反之，不恰当的色彩组合和搭配会干扰人的心情，并加重视觉疲劳。

（3）屏幕显示不宜使用过多的颜色，屏幕上颜色过多并不能对区分颜色及其含义提供助力。如果在同一画面上使用多种颜色，不仅要选择适当的颜色组合，而且要注意颜色的对比度。一般来说，高对比度的颜色可以一起使用且不会混淆，但是使用非常相似的颜色会影响用户辨识度。因为当亮度发生变化时，原本相近的颜色在视觉效果上可能产生混淆。不过，在使用前景色和背景色时，也要避免对比度过大，否则反而会使字符难以辨认、阅读。

（4）使用一致性的颜色显示。颜色显示的一致性是指色彩的使用要符合客观世界规律和用户对色彩的常识性理解。例如，危险、停止、错误等信息一般用红色表示，正常、安全、允许等信息一般用绿色表示，警告、异常、注意等信息一般用黄色表示。此外，颜色使用也要具有一致性，界面设计要遵循统一的色彩风格。

（十）动效

人机界面是以交互为主的，因此始终呈现出一种动态的特性。其动态体现在按钮的状态变化、窗口的切换、打开与关闭，图标的动画标识等方面。在界面的各种变化之中加入适当的动效，不仅更形象地展示了用户的操作过程，也增加了用户的操纵兴趣。不过，一切均要以不降低界面运行速度为前提。适当使用动画效果，在操作过程中可以为用户的视觉和心理提供有益的过渡，使之成为界面的特色和亮点。

第二节　网站交互界面设计实践

一、网站概述

（一）网站简介

网站是使用 HTML（标准通用标记语言）和其他工具按照一定的规则显示特定的内容而产生的相互关联的互联网页面的集合。简单地说，网站就像公告牌一样，是一种传播媒介，人们可以通过它发布自己想公开传播的信息，或利用网站提供一些在线服务。大部分企业都有自己的网站，用于宣传、产品信息发布、招聘等。随着建站技术的普及，很多人也开始创建个人主页，这种网站通常是创作者展示个性、宣传自身的地方。

在互联网早期，网站只能展现文字类资讯。经过多年的发展，图像、声音、动画、视频和三维技术开始在互联网上显现。

具有良好视觉体验的网站界面是吸引网站人气的关键。网站的用户界面是网站本质的外在体现。忽视网站的用户界面设计会导致你的网站从起跑线上就开始落后。用户界面设计不是简单的艺术绘画，而是在设计前必须明确用户、用户环境和使用方式，是科学的艺术设计。一个网站的用户界面是否优秀，应该以用户的浏览体验来评判。

（二）网站风格类型

从形式上，一般可以将网站分为以下四类：

1. 信息类网站风格

很多大型门户网站，如新浪网、人民网、新华网等，提供给访问者的信息量很大，访问人数也非常多。所以网站上版面的划分、结构的架构、页面的优化和用户界面人性化等方面都是值得注意的。

2. 形象类网站风格

一些规模较大的公司网站和国内高校网站对界面设计的要求比较高，需要发布大量的资讯信息，也需要突出自己企业或单位的形象。

3. 信息和形象结合的网站风格

一些较大的公司网站和国内的高校网站等在设计上要求较高，既要满足信息类网站的上述要求，又要突出企业、单位的形象。

4. 个人网站风格

这类网站的风格千变万化，突出个性，没有太多的商业目的，一般内容较少、规模较小。

无论哪种类型，网站都应力求拥有自己的风格。有风格的网站与普通的网站相比，是有很大区别的。普通网站只是为了宣传展示，用户接触的信息是相对数据化的，如网站的信息多少、网页端浏览速度快慢等。有风格的网站则突出一种感性和艺术性，用户能够感受到该网站独有的氛围。在设计中，重点是网站的版面布局、组成元素、浏览方式、交互性等因素，这些直接影响着用户对网站的第一印象。

树立一种网站风格可以按以下步骤完成：

（1）确定风格是建立在有价值的内容之上的。一个网站有风格而没有内容，再好的设计也只是装饰，因此首先必须保证内容的质量和价值性。

（2）需要确定网站希望给用户留下的印象。

（3）在明确网站的定位后，努力建立和加强这种印象。

体现网站风格可以找出网站中最有特点的那些要素，作为网站的独有特色来突出和宣传。比如，网站名称、各栏目名称、域名名称是否符合网站的特色，是否容易被用户记住；网站的颜色结构是否与自己的风格相匹配，并能体现网站的个性等。以下提供一些方法供读者参考：

（1）在网页上的突出位置，如页眉、页脚或背景上尽可能多地出现网站Logo。

（2）突出网站的标准颜色，尽量让文字链接的颜色、图片主色调、背景色调和边框颜色都接近标准颜色。

（3）突出显示标准字体。在重要标题、菜单选项和主图中尽量使用标准字体。

（4）设计响亮的标语。将其放在显著位置以宣传网站功能和特点。

（5）网站文字中的口吻、人称等表达要具有一致性。

（6）网站图片的处理方式应具有一致性。

（7）使用特别设计的点、线、面等元素装饰网站。

二、网站界面设计的元素

（一）版面布局

设计网页的第一步是设计版面的布局。布局是指在一个限定面积范围内，合理安排图像和文字的位置，将复杂的信息内容根据整体布局的需要进行分组归纳，并进行逻辑组织排列，反复推敲文字、图形与空间的关系，使浏览者有清晰有条理的流畅的视觉体验。

网站版面布局与平面媒体的共同点是都必须将视听多媒体元素有机地组织起来，在有限的画面空间内展示出来，以彰显思想和个性。这是一种具有独特风格和艺术气质的视听传播方式，在传递信息的同时，让用户享受到感官上的美感和精神上的愉悦。

网页布局与平面媒体的不同点是，印刷品有固定尺寸，而网页的尺寸由读者控制。因为用户使用的计算机显示屏有大有小，因此网页设计者不能精确控制每个元素的尺寸和位置。

由于网页布局的不可控性，在布局过程中，可以遵循以下原则：

（1）页面的图像、文字内容的分量在左右、上下几个方位基本相同，但过于平衡的页面有时难免给人呆板的感觉，有时需要在局部打破平衡或对称。

（2）同一种设计元素（如色彩）同时出现在不同地方，形成相互关系。

（3）用不同的色彩、形态、图形等视觉元素相互并行对比，造成页面的多种变化，产生丰富的视觉效果。

（4）充分利用页面的空白，适当的疏密搭配可以使页面产生节奏感，体现出网站的格调和品位。

布局设计应做到合理、有序、整体化。下面介绍常用的几种网页版面布局。

1. "国"字版面布局

这种类型的布局一般在页面上部放置主菜单，下部左侧有一个二级菜单栏目条，右侧有一个链接栏，将资讯信息内容显示在版面中央。这种布局的优点是页面结构规整、清晰明了、画面对称、主次明确，因此非常普及；缺点是过于规矩，要利用局部的颜色变化等方式来提高版面活跃度。网站标题和横幅广告位于顶部，中部是网站的主要资讯内容，并包含左右两侧栏目，底部是一些基本的网站信息，如联系方式、版权声明等，这也是网上最常见的类型。

2. 左右对称布局

这种版面布局采用了左右分屏的方式来打造对称的布局。其优点是空间自由度较高，可以展示较多的文字和图片；缺点是左右屏的有效结合比较困难。

3. 拐角型布局

这种版面的顶部是网站标题和横幅广告，下部的左边是窄栏链接，右边是宽栏信息内容，底部是网站的一些基本信息介绍，如联系方式、版权声明等。这种布局也是很常用的一种类型。

4. 左右框架型布局

这种版面一般左面是导航链接，右面是正文，有时上面有一个小的标题或标志，如论坛等，结构清晰、一目了然。

5. 上下框架型布局

这种版面一般上面是导航链接，下面是正文，但文字不宜过长，一般宽屏效果较好。

6. 封面型布局

这种版面一般作为网站的首页，可以用精美的平面设计结合一些小的动画和几个简单的链接。一些企事业单位网站、个人主页等常采用这一布局。

7. 自由式布局

这种版面打破了上述几种布局的框架结构，常用于文字信息量少的时尚类和设计类网站。其优点是布局随意，外观漂亮，吸引人；缺点是操作复杂，用户需要自行探索网站架构。

（二）视觉顺序

网站的页面传达信息都是通过视觉元素来完成的。为了最大限度地发挥网站的视觉传达功能，使网站成为可读性强的新媒体形式，网站页面设计必须从心理层面和生理层面符合人们的视觉流动特点，决定好不同视觉元素之间的关系和顺序。因此，页面设计应注重不同视觉元素之间的位置感、距离感、呈现面积以及视觉流向等。

视觉流向的形成是由人眼的视觉特征决定的。由于眼球晶体结构的生理特性，人眼只能定位一个焦点，不能同时在多个地方保持视线。当人们阅读某种信息时，他们的视线总是在先看什么、接着看什么、再看什么的自然流动过程中。视觉流向往往呈现出比较明确的方向感，类似画面上有着脉络一般，仿佛有一条线和气息贯穿其中，使整个画面产生了一种运动走向。从心理学角度看，一般一个版面的上部使人放松、舒适，下部则使人稳定、踏实；同理，左侧让人放松、舒适，右侧则让人稳定、踏实。由此可见，画面层次的视觉冲击力方面，上强于下，左强于右。因此，版面的顶部和中上部被称为"最佳视觉区"，也就是放置重要信息的最佳位置。

在这个"最佳视觉区"中，可以放置网站需要突出展示的信息，如标题、公告、头条新闻等。当然，视觉流向只是遵循人的认知过程的心理顺序和视觉思维的逻辑顺序的一种结论，而非精确的公式，所以运用时要灵活机动。在网络设计中，合理地运用视觉流向，找到最佳视觉区，对用户做出自然的视线控制，都会影响传达信息的准确性和效率。因此，在网站的界面设计中，视觉引导起着关键作用。网站设计是一种创作，首先要以传递信息为基础，但也必须适应人们普遍的观察和思维习惯，使视觉流动过程自然而流畅。一个成功的视觉流动过程安排，需要将网页的各种信息元素合理地划分到一定的空间内，并在各个信息元素的位置、间距和大小上保持一定的韵律感和美感。

（三）视听元素

视听元素是网页艺术设计的基本元素，是网页中基本视觉元素和听觉元素的总称。网页视听元素包括文本、背景、按钮、图标、图像、表格、颜色、导航工具、背景音乐、动态影像等。多媒体技术的广泛应用极大地增加了网页的感染力，不过也应该合理安排各视听元素的组合，注意网页展示的宗旨是准确向用户传达网站的信息。

在网站页面中使用多媒体视听元素需要考虑到用户的机器是否支持播放。多数浏览器本身就可以播放上述视听元素，无须任何外部程序和模块支持。比如，大部分浏览器可以显示 GIF、JPG 图形和 Flash 动画。某些多媒体文件必须先下载到本地存储器中，然后运行对应的播放程序才能播放。此外，浏览器插件的引入可以使浏览器拥有播放多种格式媒体的能力。比如，Microsoft（微软公司）的 IE 浏览器通过自身的 Active 技术来播放网页上的多媒体；还有用 Java 编写的小型应用程序 Java Applet，可以应用在网页上来播放多媒体，与各种浏览器插件和 Active 技术相比，更加灵活和通用。

总之，由于技术的不断发展，多媒体元素在网页设计中的综合运用越来越广泛，使浏览者可以享受到更加完美的视听效果。这些新技术的出现也对网页设计提出了更高的要求。

（四）动画特效

随着多媒体技术的发展，网页上出现了越来越多的动画特效。动画、音频和视频这样的多媒体可以补充平淡的文本或者二维图形，同时提高了网站的视听效果。虽然现在有很多多媒体处理工具和技术，但是带宽以及浏览器的支持能力限制了多媒体技术的利用。充分享受新技术，通常需要大带宽、浏览器插件或第三方应用程序的支持。

网页中动画效果的加入，赋予了用户运动和投入的感受。从简单的动画 GIF 图像到三维影像以及虚拟环境，动画可以分为不同的级别。网页上曾经最常用的基本动画类型是 Flash 文件，Flash 文件在网站设计中的使用使网站的表现力提高了很多。一方面，Flash 引入了一种新的动画形式，它在带宽有限的情况下提供了丰富的内容。另一方面，在 Flash 动画中可以进行语言编程，因此设计者可以直接创建出纯 Flash 动画的网站，这也为通常的静态站点提供了一种新的选择。

随着 HTML5 的崛起，Flash 逐渐退出历史舞台。HTML5 是构建在 Web 内容之上的一种语言描述方式。HTML5 是互联网当下的编辑网页标准，是构建以及呈现互联网内容的一种语言方式，被认为是网页开发的核心技术。由 1990 年产生的 HTML 迭代而来，版本由上一代的 HTML4.01 升级产生。2015 年起，各大浏览器均实现从 Flash 向 HTML5 的全面过渡。自此，Flash 在移动互联网中逐渐没落。

HTML5 为网页提供了更多的扩展能力，如播放多媒体、动画、下载存储、定位等诸多功能，并且其跨平台的优势在移动设备上进一步体现。虽然 HTML5 在移动网络初期存在一些问题，但随着移动平台的改进和浏览器的更新换代，这些问题已经逐渐解决。其主要得益于跨平台、迭代快、持续性强和开发成本低等优点，HTML5 逐渐成为可以覆盖所有主流平台的跨平台网页技术。

（五）链接结构

网站的链接结构可以理解成一种拓扑结构，用于各个页面之间的链接。虽然它以目录结构为基础，但也能跨越目录。如果把每个页面当作一个顶点，链接就是两个顶点之间的连接线。这种连接可以是点对点的，也可以是一个点对多个点的。而且要注意，这些点并不是存在于一个平面上，而是存在于三维空间中的。

建设网站链接结构一般采用以下两种方式：

1. 树状链接结构

当用户在这样的链接结构中导航时，既要按层级进入，也要按层级返回。网站的首页会有导航链接到一级页面，一级页面中的导航再链接到二级页面。这种链接结构的优点是架构清晰，用户在访问时一目了然；缺点是访问效率低，二级页面之间无法直接跳转，必须回到首页重新进入。

2. 星状链接结构

这种链接结构盘根错节，页面与页面之间都相互链接，很像网络服务器的链接。其优点是访问方便，可以随时跳转到自己需要的页面；而缺点也比较明显，就是链接太繁杂，用户时常会迷失在页面群中，不知道自己的位置。

其实，这两种链接结构都比较理想化。在真正的网站设计中，这两种链接结构需要综合使用。网站设计者希望用户可以便捷地访问所需要的页面，并且清楚地知道它们在哪里，而链接通往哪里。一般推荐的做法是，首页与一级页面之间采用星状链接结构，一级与二级页面之间采用树状链接结构为佳。

如果网站内容较多、层级较多（包含了三级以上的页面），那么各级页面上一定要有导航栏，帮助用户确认自己的浏览位置。

（六）网页文字

网页上的文字信息会占据大量的空间。文字信息的字体和颜色与其他页面元素相互搭配，会产生特殊的视觉效果。

网页界面常用的中文字体包括宋体、仿宋、楷体和黑体等，更多的字体取决于系统中的字体库是否已安装。汉字的字号大小一般有九级，分别是"一"至"八"，以及最大号的"初二"，各级字号之间补充了一些中级字号，一般在名称前加"小"，如小二、小三等。网页界面文本的字体可以采用各种传统媒体中的常用字体，根据网页中的不同要求，选择相应的字体和字号。

网页设计中应该重视标题的处理，把标题排版作为版面修饰的主要手段。标题的字体变化更为讲究，用于网页排版系统一般要配十几到几十种字体，才能满足标题用字的需要。网页标题一般无分级要求，字号普遍要比图书标题大，字体的选择多样，字形的变化修饰更为丰富。使用字体的一般原则如下：

（1）字体应在整个网站中保持统一。一个网站中可以使用多种字体，但要选择同一种字体来代表同一类型的信息。

（2）文字颜色要一致，让用户容易判断不同的文字颜色代表什么含义。

（3）为了使字体与网站的总体设计相对应，需要了解并熟悉每种字体的变体形态及使用范围。

（4）注意字体与网站整体设计的关系，不要仅仅为了网页表现的丰富性就使用各种各样的字体。

（5）所选字体应与整个页面和网站融为一体。

当然，其他设计元素，如背景色、前景色、边框、行距等，也会影响网页的表现。然而，不同字体的选用可以给网站带来丰富多样的外观体验。

（七）网页颜色

当用户浏览一个网站时，给用户留下第一印象的既不是网站丰富的内容，也不是页面布局，而是网站的色彩。网站的风格、文化背景可以通过页面中的色彩混合、调整或者对照的方式体现出来，所以确定网站的色彩主调非常重要。不同的色彩搭配产生不同的效果，甚至会影响浏览者的情绪。在设计网页时，常常遇到的问题就是色彩的搭配问题，一个网站的设计能否成功，在很大程度上取决于设计师对颜色的使用和协调。

网页的颜色设计一般有以下几条原则：

（1）颜色鲜明：页面采用的颜色要鲜艳、简洁，以引起人们的注意。

（2）颜色独特：可以选择有特色和个性的颜色，给用户留下强烈的印象。

（3）颜色适宜：颜色的选取要与页面所表达内容的气质相匹配。

（4）颜色联想：不同的颜色给人以不同的联想，颜色的选择要以网页内涵为基础，并有一定的拓展性。

网页的颜色是以主题色为主体，其他颜色搭配构成的，虽然有主从的关系，但是缺一不可，配合不恰当也不可。

1. 主题色

一个网站如果只使用一种颜色，会让人觉得单调枯燥，设计时要注意让颜色丰富一些，但是也不能在网站中用到太多种颜色，这会让人觉得轻浮和夸张。一个网站应该设立一种或两种主题颜色，这样用户就不会感到单调，也不会觉得无聊。因此，确立一个网站的主题色也是设计师需要考虑的一个重要问题。

一般来说，页面上的颜色尽量不要超过4种，因为使用太多的颜色会使用户迷失方向，并使页面失去焦点。确定主题色后，在挑选其他辅助颜色时，要考虑其他颜色与主题色的关系，以及想突出页面的什么效果，还要对颜色的亮度、饱和度等进行调节。

2. 色彩搭配

关于网页设计的色彩方面，可以从以下各方面来考虑：

（1）网页标题。

网页标题是网站的领航员。用户们如果要在网页之间移动，了解网站的结构和内容，都要通过页面上作为指引的一些小标题。因此，我们可以选择活泼一些的颜色来抓住用户的眼球，引导他们的视点，让他们觉得网站架构清晰、条理分明，不会迷失方向。

（2）网页链接。

网站都是由很多页面组合而成的，网页链接可以实现网页之间的跳转移动，文字链接和图片链接都是网页不可或缺的重要元素。文字链接尤为需要注意，因为文字链接的功能不同于正文文字，所以链接的颜色也不能和普通文字的颜色一样。用户不希望花费很多时间在页面上找寻网站链接，因此要给链接设置一个独有的醒目的颜色，吸引人们去点击这个链接。

（3）网页文字。

大多数网站都有自己的背景色，在设计使用背景色时，要注意与前景文字相匹配。一般网站的文本内容居多，所以背景色可以选择亮度、饱和度都较低的颜色，而文字使用较明亮的颜色，使文字突出显示。

（4）网页标志。

网页标志是宣传网站的重要部分，所以 Logo 和 Banner 两个部分一定要在页面上凸显出来。怎样做到这一点呢？可以将 Logo 和 Banner 做得鲜亮一些，也就是色彩方面跟网页的主题色分离开来。有时候为了更突出，也可以使用与主题色相反的颜色。

（5）网页留白。

留白的运用可以使浏览者对画面进行联想。更为重要的一点就是，在网站使用中，浏览者通常会滑动鼠标来快速浏览页面，如果没有留白，浏览者很可能会误点链接，给浏览带来不便。

三、网站界面设计流程

（一）确定网站主题

网站主题是一个网站所体现的主旨内容，一个网站必须有明确、突出的主题。尤其是个人网站更应彰显个性，不能像综合网站一样内容又多又全。因此，应该找出自己最感兴趣的内容，做到深入、全面，并表现出自己的特色，给用户留下极为深刻的印象。网站主题的设立没有什么标准规则，只要是设计者感兴趣的都可以，但主题要明确。网站就是在主题的基础上做到内容全面、页面精美、有深度。

网站设计的成功很大程度上取决于设计师的水平，网站设计就像建筑师设计楼房，只有先将图纸设计好，才能建造出美丽的建筑。网站设计涉及很多内容，如网站结构、网站风格、色彩搭配、版面布局、栏目设置、多媒体的使用等。只有在创建网站之前考虑到这些方方面面，才能在制作中充满自信、轻松自如。只有这样才会使自己的网站充满个性的风格和魅力。

网页设计的最终目的是满足浏览者的需求。因此在确定了网站主题后，必须针对用户的技术背景、文化程度、阅读能力、兴趣爱好、上网习惯等方面进行调研，然后再选择适合的网页框架、内容以及表现形式。

（二）选择制作工具

虽然工具的选择并不影响网页设计的质量，但是功能强大且简单易用的软件往往可以提高设计者的工作效率，达到事半功倍的效果。制作网页需要用到的工具软件很多，包括网页编辑软件、图形图像编辑软件、动画编辑软件、视音频编辑软件等。目前，最流行的编辑工具是那些使用快捷、界面友好、易于理解和使用的编辑工具。其中 Dreamweaver 网页编辑工具的功能很实用。此外，还有图片编辑工具，如 Photoshop、Fireworks 等；动画制作工具，如 Flash、Cool3d、Gif Animator 等。

（三）收集和组织内容

明确了网站的主题以后，就要围绕主题开始收集材料了。要想让自己的网站有血有肉，能够吸引用户，就要尽量收集材料，收集的材料越多，以后制作网站就越容易。材料既可以从图书、报纸、光盘、多媒体中得来，也可以从互联网上收集。设计者应把收集的材料去粗取精，去伪存真，保存好以作为自己制作网页的素材。

网页的内容收集整理完毕，就可以重新组织安排。在组织网页内容时还应注意以下问题：

1. 可信度

调研表明，浏览者普遍认为那些经过专业设计的网站信息更为可靠，而且新的信息比较可信。因此，管理者应仔细检查并删除排版错误，并且经常更新站点上的信息，添加一些与其他网站的链接，这样也有助于提高可信度。

2. 减少广告

浏览者都希望非常及时地获取网站上的信息，往往较为厌恶网页上频繁出现的广告信息。如果有添加广告的必要，在组织页面内容的时候要注意，尽量把广告放在主要内容的边缘，以及降低其出现的频率和持续时间。

3. 重点突出

如今的网站信息都以便捷为主，大多数浏览者都对冗长的页面内容不感兴趣，往往没有阅读完的耐心。因此建议将网页重点突出，把关键部分标记出来或是把结论写在开头，首先列出最重要的信息，再做进一步的说明，分层次传达所要表达的信息。

4. 利用超链接跳转

当展示的内容过多时，应利用超链接形成导航或是菜单目录，使用户在浏览的时候，非常清楚自己所在的位置及层次。通过超级链接，用户也可以转到其他辅助条目、相关文章或其他站点，由浏览者自己选择是否要点击这些链接，以此获得感兴趣的信息。超级链接是缩短阅读时间及丰富信息量的有效途径。

5. 避免使用大图

由于网页显示受传输量的限制，所以不要在页面上添加较大的图形图像。大多数用户等待页面出现的时间超过 1s，就会变得焦急不安，除非对他们来说是非常重要的信息，否则等待时间不会超过 10s。因此尽量避免使用大图，如果必要的话，可以将大图切割成多个小图，再到网页上组合拼接。

6. 信息简洁

真正重要的不是为网页读者提供更多信息，而是为他们提供更有用的信息。信息量的多少主要取决于你要表达的对象的具体情况，但作为一条通用的规则，不应让浏览者在读到文章末尾前向下滚动三屏以上。

（四）网站页面设计

网站页面设计是一个复杂且精细的工作，应遵循先大后小、先简后繁的原则进行制作。所谓"先大后小"，就是在做网站的时候，先设计好整体结构，然后逐步完善次级结构的设计。所谓"先简后繁"，就是先设计笼统的内容，再设计具体的内容，这样出现问题的时候容易修改调整。在制作网页时，可使用现成的模板，以提高工作效率。

在整个页面的大体构思成型后，可以先用纸笔将其画成草图，在设计草图的时候无须顾及代码编写或技术实现等方面，只需要发挥想象力，挥洒创意即可。草图完成后，可以利用 Photoshop 或其他图形图像处理软件进行页面设计，制作出实际页面的效果图。最终进行切分，生成网页各部分用图，再利用网页编辑工具制作框架，将图片按效果图组织即可。

此外，在设计过程中，还需要按照设计者的构想，制作多媒体文件，或由程序设计人员编制应用程序等。网页在功能上若能够有强大的交互性，会给浏览者留下很深刻的印象。

（五）网站测试与发布

网站测试分为完整性测试和可用性测试两部分。完整性测试是为了保证浏览技术上的正确性，如页面显示是否准确无误，链接的指向是否正确等；可用性测试则是为了检验页面内容是否为用户所需，是否符合最初设计的目标。

　　测试完毕，就可以将网站发布到 Web 服务器上，以供全世界的用户浏览。目前，上传的工具很多，可以很方便地把网站发布到自己申请的主页存放服务器上。网站上传以后，可以利用广告手段进行推广，或者到各个论坛、搜索引擎上注册登记，进行宣传，也可以使用与其他网站添加友情链接、互换首页链接等方法，让自己的网站被更多人知道。

参考文献

[1] 巩超 . 软件界面交互设计基础 [M]. 北京：北京理工大学出版社 , 2020.

[2] 陈凯晴 . APP 交互界面设计 [M]. 南京：江苏凤凰美术出版社 , 2022.

[3] 周晓蕊 . 交互界面设计 [M]. 上海：同济大学出版社 , 2021.

[4] 王旭 . 多媒体人机交互界面设计研究 [M]. 天津：南开大学出版社 , 2022.

[5] 康帆，陈莹燕 . 交互界面设计 [M]. 武汉：华中科技大学出版社 , 2018.

[6] 王巍 . 移动终端交互界面设计 [M]. 长沙：湖南师范大学出版社 , 2020.

[7] 陈阁 . 基于驾驶人视觉特性的汽车交互界面设计研究 [M]. 北京：北京工业大学出版社 , 2022.

[8] 曾庆抒 . 汽车人机交互界面整合设计 [M]. 北京：中国轻工业出版社 , 2019.

[9] 李娟莉 . 现代人机交互界面设计 [M]. 北京：机械工业出版社 , 2022.

[10] 陶薇薇，张晓颖 . 人机交互界面设计 [M]. 重庆: 重庆大学出版社 , 2016.

[11] 张译予，徐闯业 . 基于手机游戏中 UI 界面的交互设计 [J]. 鞋类工艺与设计 ,2023(12)：45-47.

[12] 贾园园 . 舰船智能导航显控界面交互设计与应用 [J]. 舰船科学技术 ,2023(10)：168-171.

[13] 任群 . 船舶智能导航系统界面的交互设计研究 [J]. 舰船科学技术 ,2022(8)：135-138.

[14] 李梦洁 . 面向女性用户的车载中控界面交互设计研究 [J]. 时代汽

车 ,2021(19)：133-134.

[15] 张晓娜 , 李青云 . 基于手机游戏中 UI 界面的交互设计 [J]. 电子技术与软件工程 ,2021(15)：31-32.

[16] 马莉 , 胡旭斑 . 芜湖市非遗传统文化 App 界面交互设计研究 [J]. 电脑知识与技术 ,2024(8)：49-51，55.

[17] 梁爽 . 医用配送机器人 PC 端后台操作界面交互设计研究 [J]. 科技资讯 ,2023,21(5)：31-34.

[18] 李广栋 . 基于移动端的适老化界面交互设计研究 [J]. 吉林艺术学院学报 ,2024(1)：58-63.

[19] 金慧丰 . 基于视觉认知的智能电视界面交互设计研究 [J]. 工业设计 ,2020(3)：57-58.

[20] 付梦远 , 李鑫 . 基于手机游戏中 UI 界面的交互设计研究 [J]. 技术与市场 ,2020(2)：126-127.

[21] 于尚红 , 袁方敏 . 基于 SteamVR 激光扫描的点云图像界面交互设计 [J]. 激光杂志 ,2023(7)：100-104.

[22] 唐甜 , 尚子田 . 高校门户网站界面交互设计研究 [J]. 中国民族博览 ,2018(2)：102-103.

[23] 刘玉洁 . 基于使用与满足理论的移动直播界面交互设计研究 [J]. 机电产品开发与创新 ,2022(6)：158-161.

[24] 齐红 , 陈远宁 . 基于大数据的手机 App 显示界面交互设计 [J]. 景德镇学院学报 ,2022(3)：23-27.

[25] 李慧真 . 基于大数据处理技术的界面交互设计研究 [J]. 现代电子技术 ,2019(1)：38-41，45.